TEMPUS

JAIME DÍAZ-PACHE GONZÁLEZ

TEMPUS

Por Qué los Días se Hacen Largos y los Meses Pasan Cada Vez Más Rápido

ISBN: 978-1539006329

© Jaime Díaz-Pache González

Portada e ilustraciones: Lola Bruzón Bandeira

Primera edición: Noviembre de 2016

ISBN: 978-1539006329

Cualquier forma de reproducción, distribución, comunicación pública o transformación de esta obra solo puede ser realizada con la autorización de sus titulares, salvo excepción prevista por la ley.

Índice

PRÓLOGO 1

Un debate apasionado 5

Por qué los días se hacen largos y los meses
pasan cada vez más rápido 9

Más rápido sí pero, ¿cuánto? 17

Parece que fue ayer 47

Por qué Newton y Einstein 71

Conclusiones 75

APÉNDICE 77

   Más rápido sí pero, ¿cuánto? (ampliado)

PRÓLOGO

Este libro nace por casualidad. Siempre me ha gustado jugar con los números por puro entretenimiento (tiene que haber gente para todo), así que cuando se me ocurrió que podría existir una relación objetiva entre el paso del tiempo y la percepción que tenemos del mismo, cogí un lápiz y un papel y empecé a garabatear. El punto de partida lo tenía claro, si bien no atisbaba a dónde me conducirían mis cavilaciones (acaso a ningún sitio).

Tras algunos días en los que la idea revoloteó en mi cabeza, y algunas semanas en las que la llamaba de vez en cuando para probar nuevos enfoques, me fui olvidando del tema. Había disfrutado del reto y había sacado un par de conclusiones inconexas, así que lo aparté a la espera de la próxima ocurrencia a la que dedicar mi atención.

Pero resultó que la idea no quiso abandonarme, y me encontré tratando de explicársela a quien me quiso prestar sus oídos, al principio con pudor y al final casi con autoridad.

Un día, en una conversación acerca de los veinticinco años que habían transcurrido desde algún acontecimiento vivido, el padre de un amigo mío comentó, con una mezcla de asombro y fastidio, que tenía la sensación de que apenas había pasado una década desde entonces. Por supuesto corrí a desempolvar mis notas para comprobar, no sin cierta emoción, que la cuenta correspondía exactamente con lo que había previsto para su edad.

Así que, animado por un entorno de lo más entusiasta, emprendí la tarea de ordenar mis ideas y plasmarlas de la mejor forma posible. Espero haber sabido transmitir al menos una parte de lo que he disfrutado en el empeño.

"Lo importante es no dejar de hacerse preguntas"

Albert Einstein

UN DEBATE APASIONADO

Nos gustan las frases hechas. Cuando una conversación gira en torno a acontecimientos del pasado, es inevitable que alguien acabe deslizando una expresión del tipo:

> *"Hace cinco años ya... ¡Hay que ver cómo pasa el tiempo!"*

Yo pasé de oírselas a mis padres cuándo era un niño a repetirlas en la adolescencia con tono grave. Más tarde, en la juventud, las usábamos como broma para burlarnos de aquellos que ya se veían viejos prematuramente; pero en mi interior empezaba a asomar ese vértigo que daba la certeza de que sí, que algo de eso había, que los cursos pasaban más rápido, que los veranos eran más cortos, y que cuando decíamos el año que viene, ya no significaba un aplazamiento indefinido.

No mucho más tarde (o sí. Es increíble cómo pasa el tiempo) tomé conciencia definitiva de dos cosas: que efectivamente percibía el paso del tiempo de forma distinta, y que nada me hacía pensar que esa sensación no se acentuaria con el paso de los años.

También descubrí con desilusión que en esto, como en tantas otras cosas, no era yo un pionero; que lo que yo creía una revelación estaba en general asumido. Vaya, que todo el mundo lo sabía. Pero lo que es sólo un vago presentimiento en la juventud y una realidad fatídica en la vejez, a mí me brindaba la posibilidad de discutirlo con amigos, elaborar teorías y buscar información al respecto.

Me convertí pues en ese pesado que, convencido que tiene algo interesante entre ceja y ceja, busca distintas posturas y discusiones en su entorno. En el curso de uno de esos acalorados debates a los postres de una comida, uno de los comensales, hasta el gorro de los gritos que monopolizaban la conversación, decidió zanjarlo con un argumento rotundo:

"A ver si creéis que eso no está estudiado. Lo dijo ya Einstein: El tiempo es relativo".

Cuando nuestro sabio contertulio sintetizaba la Teoría de la Relatividad de Albert Einstein en una frase, pecaba quizá de exceso de ambición. Sin embargo, estaba poniendo de relieve una percepción que todos tenemos en mayor o menor medida, y que se acrecienta con el paso de los años: el tiempo pasa cada vez más rápido.

Cuando uno es niño los veranos son infinitos y cada curso dura una vida. En la adolescencia y juventud somos inmortales; aunque intelectualmente sepamos que moriremos algún día no percibimos esa posibilidad. Nuestros padres han existido siempre (lo que es exacto) y no somos capaces siquiera de atisbar el día en que seamos como ellos. A partir de ahí se inicia una alocada carrera en la que el infinito ya no está tan lejos.

Ésta es una sensación generalizada, y todos vamos teniendo una opinión de por qué ocurre.

La siguiente entrada la encontré por casualidad en un blog en la web *www.cienciaonline.com*:

Un debate apasionado

Por Lorenzo Hernández • 2 feb, 2010

Sección: Preguntas sin respuesta

Voy a arriesgarme a hacer una pequeña reflexión, quizá absurda (¿pero qué mejor que una reflexión absurda?), sobre la percepción del tiempo conforme vamos cumpliendo años, donde quiero formular algunas preguntas (quizás absurdas también).

Aunque no sepamos qué es el tiempo lo podemos medir. Pero aunque los segundos, los minutos y las horas duren lo mismo para todos (sin contar las situaciones relativistas), la percepción del paso del tiempo aumenta conforme nos hacemos mayores. Todos recordamos esos interminables veranos cuando teníamos ocho años, y cuánto tardaban los Reyes Magos en llegar cuando teníamos seis.

Cuando somos adultos solemos repetir expresiones como: ¿Ya estamos en el 2010?; El tiempo pasa volando; Parece que fue ayer cuando...

Si esto es así, me pregunto: ¿cuántos años me quedan por vivir si me baso en mi percepción del tiempo? La percepción del tiempo depende de muchos factores: la edad, si estoy enamorado o no, si mi vida es divertida o aburrida, si sufro o no, etc.

Supongamos que voy a vivir unos 80 años (mucho suponer). Ahora tengo 29, redondeemos a 30. Por tanto, me quedan 50 años por delante. Pero si el tiempo pasa más rápido, psicológica-

mente hablando, ¿a cuántos "años psicólogos" corresponden esos 50 años? ¿Serán menos que los 30 que ya he vivido? ¿Existe una fórmula para realizar algún cálculo aproximado? ¿Alguien tiene la respuesta?

Si la tenéis no dudéis en contestar

Pues bien, a lo largo de las siguientes páginas trataremos de dar respuesta a todas estas preguntas. Pero vayamos por partes y empecemos por una un tanto inquietante:

¿Por qué los días se hacen largos y los meses pasan cada vez más rápido?

POR QUÉ LOS DÍAS SE HACEN LARGOS Y LOS MESES PASAN CADA VEZ MÁS RÁPIDO

En una entrevista publicada por la Universidad Autónoma de Barcelona (UAB), el profesor de psicología John Wearden[1], decía lo siguiente:

> Las personas mayores, en general, dicen que el tiempo pasa más rápido a medida que se envejece. Hay investigaciones sobre este tema, y también anécdotas. Por ejemplo, un experimento pregunta a personas mayores: "¿Va el tiempo más rápido ahora que cuando era joven?". La mayoría parecía estar de acuerdo en que el tiempo pasa con rapidez cuando eres viejo. Pero

---

1. John Wearden es profesor de la Universidad de Keele en el Reino Unido. Lleva más de treinta años trabajando en la percepción del tiempo, primero en animales pero más tarde ya exclusivamente en humanos. Ha realizado todo tipo de investigaciones relacionadas con el tiempo, desde experimentos o modelos matemáticos hasta investigación histórica publicando más de 100 artículos en este ámbito

por otro lado, mi madre, que tiene 90 años y se vale por sí misma, dice que los días se le hacen muy largos, pero que, paradójicamente, los meses le pasan rápido. ¿Cómo puede ser esto?

Es decir que, como hemos comentado, el tiempo parece transcurrir cada vez más rápido, y sin embargo es fácil que personas de edad avanzada se quejen de que no pasan las horas.

De la misma forma todos hemos notado que el reloj vuela cuando realizamos actividades estimulantes o placenteras, o aquellas que requieren toda nuestra atención. Al contrario, cuando éstas se vuelven rutinarias o tediosas las manecillas parecen detenerse.

Para enfrentarnos a esta contradicción veamos un extracto de una noticia publicada en varios diarios, referida a un artículo aparecido en la revista Nature en 2011:

<u>Científicos identifican un reloj interno de 24 horas común a todos los seres vivos</u>

Equipos de investigadores pertenecientes a las universidades de Cambridge y Edimburgo han descubierto insospechadas características del mecanismo que controla el "reloj interno de 24 horas" que poseen todas las formas de vida (...) Estos mecanismos han estado presentes en las células vivas desde hace miles de millones de años, tanto en los simples organismos unicelulares como en los seres humanos.

Resulta que poseemos un reloj interno que nos ayuda a estimar el tiempo en períodos de 24 horas. Así, si queremos saber cuánto falta para que empiece nuestro programa favorito o cuánto tiempo llevo esperando a mi cita recurrimos a esa referencia que poseemos de manera innata.

Está documentado que la velocidad de ese reloj aumenta o disminuye debido a diversos factores (psicológicos, químicos,...). De esta forma, independientemente de lo mayores o jóvenes que seamos, las horas pueden pasar volando o hacerse eternas. El hecho de que sea a la gente de edad avanzada la que más nota que los días se hacen muy largos tiene más que ver con la falta de proyectos, obligaciones o expectativas que con la edad en sí. Si se mantiene un espíritu joven y una mente ocupada no hay razón para que los minutos no vuelen.

Hay multitud de tratados y teorías muy interesantes al respecto, tanto a nivel neurológico como psicológico, que desarrollan este concepto. Animo al lector interesado a profundizar sobre el tema, pero nosotros nos centraremos en la segunda parte de la pregunta: ¿Por qué los meses pasan cada vez más rápido?

Intuitivamente nos damos cuenta de que relativizamos la duración del tiempo en función de nuestra experiencia. Es decir, un período de tiempo (por ejemplo, un mes) es más o menos largo en función de los períodos iguales que hayamos conocido: poco para un anciano pero un mundo para un niño pequeño, lo que nos conduce a la premisa inicial de que cuanto mayores somos más velozmente discurre el tiempo.

La frontera de los tres años

Se hace necesaria una pequeña puntualización: cuando hablamos de los períodos que hemos conocido debemos ponernos un límite. A pesar de que alguna gente afirma guardar recuerdos de su propio parto (o incluso de su etapa uterina), lo cierto es que hay un lapso de la vida que se ha borrado de nuestra memoria como si no hubiese existido.

Diversos estudios abordan el fenómeno de la amnesia infantil, que ya trató Sigmund Freud[2] y más recientemente investigadores como Sheena A. Josselyn y Paul W. Frankland[3]. En ellos se afirma que no conservamos recuerdos anteriores a aproximadamente los tres años. Nos referiremos más adelante a este período y usaremos esa edad como origen de nuestros recuerdos.

Pero sigamos avanzando. Para ello serán útiles algunas definiciones.

Definiciones

Como hemos visto, no percibimos el paso del tiempo de la misma forma a lo largo de la vida, y esa percepción depende fundamentalmente de nuestra edad. Comoquiera que contamos con una forma objetiva de medirlo (años, días, horas, …), debemos plantearnos separar dicho concepto en dos: el paso del tiempo tal y como podemos medirlo y el paso del tiempo tal y como lo percibimos.

En un alarde de ingenio, he decidido llamarlos

---

2. Sigmund Freud fue un médico neurólogo austriaco, padre del psicoanálisis y una de las mayores figuras intelectuales del siglo XX. Sus contribuciones a la psicología del aspecto inconsciente de la vida son múltiples, e incluyen el estudio de la conducta normal, la amnesia, los sueños, la personalidad y el desarrollo psicosexual.

3. Sheena A. Josselyn y Paul W. Frankland son profesores asociados del Departamento de Psicología de la Universidad de Toronto, y pertenecen al Instituto de Ciencia Médica de la misma universidad. En 2012 publicaron el artículo *Amnesia infantil: una hipótesis neurogenética*

respectivamente tiempo de Newton y tiempo de Einstein.

Así, el Tiempo de Newton (que en adelante abreviaremos como TN), es aquel que avanza inexorable, de igual manera para todos, independientemente de nuestra edad: el próximo año va a durar exactamente 365 días, 8.760 horas o 525.600 minutos. Es como la carretera que nace con nosotros por dónde circula nuestra vida, jalonada por nuestros cumpleaños que distan exactamente un año.

El Tiempo de Einstein (TE) es, por otro lado, relativo. Sabemos que diga lo que diga el calendario, el último año ha pasado más rápidamente que los anteriores; es decir, ha sido más corto. Y no vislumbramos nada que nos haga pensar que eso será diferente en el futuro. En este caso el coche en el que circulamos por nuestra senda del Tiempo de Newton va cada vez más rápido. Y no funcionan los frenos.

Esta analogía nos permite introducir un nuevo concepto: la Velocidad del Paso del Tiempo (VPT), que es la celeridad con la que recorremos la carretera del Tiempo de Newton. De la misma forma que la velocidad como habitualmente la entendemos nos indica la variación del espacio con respecto al tiempo, la Velocidad del Paso del Tiempo es la variación del Tiempo de Newton con respecto al Tiempo de Einstein[4].

Si cuando nuestro coche recorre 120 kilómetros en dos horas decimos que va a una velocidad de 60 (Km/h), cuando necesitamos un año de Einstein para recorrer tres años de Newton diremos que la Veloci-

---

4. Para no confundirse mezclando los dos conceptos, es útil considerar el Tiempo de Newton como un espacio a recorrer y el Tiempo de Einstein como el tiempo empleado en hacerlo.

Tempus

dad del Paso del Tiempo es igual a 3^5.

Imaginemos pues que en nuestro paso por la vida circulamos en un coche que recorre la senda del tiempo de Newton a diferentes velocidades, de tal forma que el tiempo que tardemos en recorrer el mismo periodo en momentos distintos (un año en la adolescencia o un año en la vejez) dependa de lo rápido que avance el coche. Sería algo así:

Nos apoyaremos en este esquema para ilustrar la diferente casuística. En la parte de arriba aparecen los hitos con las edades que nos interesan en cada ejemplo (n1, n2, ...). Inmediatamente debajo sobre una línea oscura, se indican la duración de los distintos periodos en Tiempo de Einstein (e1, e2, ...). Por

---

5. Así como la velocidad se mide en kilómetros por hora, las unidades de la Velocidad del Paso del Tiempo serían años de Newton por años de Einstein (AN/AE). Si no se añaden es porque sólo serviría para aportar confusión.

último, en la bandera del coche se indicará la edad del observador.

Bien, supongamos que una tarde del día de nuestro cumpleaños, en nuestra mecedora (todos los grandes pensamientos deberían asaltarnos en una mecedora al atardecer), nos preguntamos a qué velocidad han pasado los últimos 365 días. Sabemos que han volado y que, con seguridad, han durado menos de un año. Pero, ¿cuánto?

Como a estas alturas ya sabemos, disponemos de un reloj interno que nos ayuda a reconocer y estimar períodos de tiempo inferiores a 24 horas. Para duraciones mayores sólo tenemos para comparar lo ya vivido.

Para un niño de 8 años, un año es la octava parte de su vida. La octava parte de todo lo que conoce o todo lo que recuerda. Es decir, es muchísimo tiempo. Sin embargo, para un adulto de pongamos 45 años, un año es un período de tiempo relativamente corto. Llevado al extremo, si viviéramos 1000 años, ya hubiéramos cumplido los 700, y nos dicen que debemos esperar 30 para ver los Juegos Olímpicos en Madrid, iríamos buscando hotel. Intenta decirle a un niño de 10 años que faltan 4 para el próximo mundial.

Esta idea, que se dio a conocer como teoría proporcional, ya fue planteada por el filósofo francés Paul Janet[6] en 1877. En ella se hacía referencia a los tres años como frontera de los recuerdos. El filósofo estadounidense William James la expresaba así:

"La longitud aparente de un intervalo en una

---

6. Paul Alexandre René Janet (1823 – 1899) fue un filósofo y escritor francés nacido y fallecido en París. Se distinguió como una de las personalidades más destacadas del idealismo francés durante el siglo XIX.

Tempus

época determinada de la vida de un hombre es proporcional a la longitud total de la vida misma. Un niño de 10 años percibe un año como un décimo de toda su vida. Un hombre de 50, como 1/50 de su vida. Toda la vida mientras tanto preserva una longitud constante"

Hasta ahora no podemos decir que hayamos descubierto la pólvora. Resulta que con la edad el tiempo pasa más rápido sí pero, ¿cuánto?

MÁS RÁPIDO SÍ PERO, ¿CUÁNTO?

En el prólogo de Breve historia del tiempo, uno de los libros de divulgación más famosos e influyentes que se hayan escrito, el profesor Stephen Hawking[1] hace el siguiente apunte:

> *"(...) las ideas básicas acerca del origen y del destino del universo pueden ser enunciadas sin matemáticas, de tal manera que las personas sin una educación científica las puedan entender. Esto es lo que he intentado hacer en este libro. El lector debe juzgar si lo he conseguido. Alguien me dijo que cada ecuación que incluyera en el libro reduciría las ventas a la mitad. Por consiguiente, decidí no poner ninguna en absoluto. Al final, sin embargo, sí que incluí una ecuación, la famosa ecuación de Einstein, $E=mc^2$. Espero que esto no asuste a la mitad de mis potenciales lectores."*

---

1. Stephen Hawking es un físico teórico, astrofísico, cosmólogo y divulgador científico británico. Ha alcanzado éxitos de ventas con sus trabajos divulgativos sobre Ciencia, en los que discute sobre sus propias teorías y la cosmología en general; estos incluyen Breve historia del tiempo, que estuvo en la lista de best-sellers del The Sunday Times británico durante 237 semanas.

Tempus

Alertado pues de que las matemáticas, incluso las más elementales, generan cierto rechazo en una parte importante de los no iniciados, he procurado que en adelante la comprensión de lo escrito no requiera esfuerzos más allá de alguna resta o división.

Sin embargo, los resultados obtenidos sí que provienen de un cálculo con ecuaciones, logaritmos e integrales. Para quien esté interesado, el mismo se encuentra en un apéndice en la parte final. No es muy complejo, pero para poder seguirlo es necesario tener cierta base matemática.

El punto de partida es que la percepción del tiempo transcurrido depende de con qué podemos comparar, esto es, del tiempo vivido. A partir de él se construye todo el edificio.

Además, han sido necesarias un par de premisas: la primera es que, como ya se comentó al hablar de la amnesia infantil, en general no se conservan recuerdos de antes de los tres años.

La segunda es que, cualquiera que sea nuestra edad (E), el Tiempo de Newton transcurrido hasta el momento es igual al Tiempo de Einstein. Es decir, si tenemos 40 años, para nosotros el tiempo transcurrido desde que nacimos es de 40 años y así lo percibimos (esto es evidente si recordamos que nuestra única escala es el tiempo vivido).

A partir de las fórmulas obtenidas se confeccionan las tablas de tiempos que se muestran a continuación. En ellas obtenemos un Tiempo de Einstein a partir de una edad y un Tiempo de Newton.

Más rápido sí pero, ¿cuánto?

		TIEMPO DE NEWTON (TN)									
TIEMPO EINSTEIN		4	5	6	7	8	9	10	11	12	13	14
EDAD (E)	100	8	15	20	24	28	31	34	37	40	42	44
	99	8	14	20	24	28	31	34	37	39	42	44
	98	8	14	19	24	28	31	34	37	39	41	43
	97	8	14	19	24	27	31	34	36	39	41	43
	96	8	14	19	23	27	30	33	36	38	41	43
	95	8	14	19	23	27	30	33	36	38	40	42
	94	8	14	19	23	27	30	33	35	38	40	42
	93	8	14	19	23	27	30	33	35	38	40	42
	92	8	14	19	23	26	30	32	35	37	39	41
	91	8	14	18	23	26	29	32	35	37	39	41
	90	8	14	18	22	26	29	32	34	37	39	41
	89	8	13	18	22	26	29	32	34	36	38	40
	88	7	13	18	22	26	29	31	34	36	38	40
	87	7	13	18	22	25	28	31	34	36	38	40
	86	7	13	18	22	25	28	31	33	36	38	39
	85	7	13	18	22	25	28	31	33	35	37	39
	84	7	13	17	21	25	28	30	33	35	37	39
	83	7	13	17	21	25	27	30	32	35	37	39
	82	7	13	17	21	24	27	30	32	34	36	38
	81	7	13	17	21	24	27	30	32	34	36	38
	80	7	12	17	21	24	27	29	32	34	36	38
	79	7	12	17	20	24	27	29	31	33	35	37
	78	7	12	17	20	23	26	29	31	33	35	37
	77	7	12	16	20	23	26	29	31	33	35	37
	76	7	12	16	20	23	26	28	31	33	34	36
	75	7	12	16	20	23	26	28	30	32	34	36

Tempus

TIEMPO EINSTEIN	TIEMPO DE NEWTON (TN)										
	15	16	17	18	19	20	21	22	23	24	25
100	46	48	49	51	53	54	55	57	58	59	60
99	46	47	49	51	52	54	55	56	58	59	60
98	45	47	49	50	52	53	55	56	57	58	60
97	45	47	48	50	52	53	54	56	57	58	59
96	45	46	48	50	51	53	54	55	56	58	59
95	44	46	48	49	51	52	54	55	56	57	58
94	44	46	47	49	50	52	53	54	56	57	58
93	44	45	47	49	50	51	53	54	55	56	57
92	43	45	47	48	50	51	52	54	55	56	57
91	43	45	46	48	49	51	52	53	54	55	57
90	43	44	46	47	49	50	51	53	54	55	56
89	42	44	46	47	48	50	51	52	53	55	56
88	42	44	45	47	48	49	51	52	53	54	55
87	42	43	45	46	48	49	50	51	53	54	55
86	41	43	44	46	47	49	50	51	52	53	54
85	41	43	44	46	47	48	49	51	52	53	54
84	41	42	44	45	47	48	49	50	51	52	53
83	40	42	43	45	46	47	49	50	51	52	53
82	40	41	43	44	46	47	48	49	50	52	53
81	40	41	43	44	45	47	48	49	50	51	52
80	39	41	42	44	45	46	47	49	50	51	52
79	39	40	42	43	45	46	47	48	49	50	51
78	39	40	42	43	44	45	47	48	49	50	51
77	38	40	41	43	44	45	46	47	48	49	50
76	38	39	41	42	43	45	46	47	48	49	50
75	38	39	40	42	43	44	45	46	47	48	49

(EDAD (E))

Más rápido sí pero, ¿cuánto?

TIEMPO EINSTEIN	TIEMPO DE NEWTON (TN)										
	26	27	28	29	30	31	32	33	34	35	36
100	62	63	64	65	66	67	68	68	69	70	71
99	61	62	63	64	65	66	67	68	69	70	70
98	61	62	63	64	65	66	67	67	68	69	70
97	60	61	62	63	64	65	66	67	68	69	69
96	60	61	62	63	64	65	66	66	67	68	69
95	59	60	61	62	63	64	65	66	67	68	68
94	59	60	61	62	63	64	65	65	66	67	68
93	58	60	60	61	62	63	64	65	66	67	67
92	58	59	60	61	62	63	64	64	65	66	67
91	58	59	60	61	61	62	63	64	65	66	66
90	57	58	59	60	61	62	63	63	64	65	66
89	57	58	59	60	60	61	62	63	64	64	65
88	56	57	58	59	60	61	62	62	63	64	65
87	56	57	58	59	59	60	61	62	63	63	64
86	55	56	57	58	59	60	61	61	62	63	64
85	55	56	57	58	59	59	60	61	62	62	63
84	54	55	56	57	58	59	60	60	61	62	63
83	54	55	56	57	58	58	59	60	61	61	62
82	54	54	55	56	57	58	59	59	60	61	62
81	53	54	55	56	57	57	58	59	60	60	61
80	53	54	54	55	56	57	58	58	59	60	61
79	52	53	54	55	56	56	57	58	59	59	60
78	52	53	53	54	55	56	57	57	58	59	59
77	51	52	53	54	55	55	56	57	58	58	59
76	51	52	53	53	54	55	56	56	57	58	58
75	50	51	52	53	54	54	55	56	57	57	58

EDAD (E)

Tempus

TIEMPO EINSTEIN	TIEMPO DE NEWTON (TN)										
	37	**38**	**39**	**40**	**41**	**42**	**43**	**44**	**45**	**46**	**47**
100	72	72	73	74	75	75	76	77	77	78	78
99	71	72	73	73	74	75	75	76	77	77	78
98	71	71	72	73	74	74	75	75	76	77	77
97	70	71	72	72	73	74	74	75	76	76	77
96	70	70	71	72	72	73	74	74	75	76	76
95	69	70	71	71	72	73	73	74	74	75	76
94	69	69	70	71	71	72	73	73	74	74	75
93	68	69	69	70	71	71	72	73	73	74	75
92	68	68	69	70	70	71	72	72	73	73	74
91	67	68	68	69	70	70	71	72	72	73	73
90	66	67	68	69	69	70	70	71	72	72	73
89	66	67	67	68	69	69	70	71	71	72	72
88	65	66	67	67	68	69	69	70	71	71	72
87	65	66	66	67	68	68	69	69	70	71	71
86	64	65	66	66	67	68	68	69	69	70	71
85	64	65	65	66	66	67	68	68	69	69	70
84	63	64	65	65	66	67	67	68	68	69	69
83	63	63	64	65	65	66	67	67	68	68	69
82	62	63	64	64	65	65	66	67	67	68	68
81	62	62	63	64	64	65	65	66	67	67	68
80	61	62	62	63	64	64	65	65	66	67	67
79	61	61	62	63	63	64	64	65	65	66	66
78	60	61	61	62	63	63	64	64	65	65	66
77	60	60	61	61	62	63	63	64	64	65	65
76	59	60	60	61	61	62	63	63	64	64	65
75	59	59	60	60	61	61	62	63	63	64	64

EDAD (E)

Más rápido sí pero, ¿cuánto?

TIEMPO EINSTEIN	TIEMPO DE NEWTON (TN)									
	48	49	50	51	52	53	54	55	56	57	58
100	79	80	80	81	81	82	82	83	83	84	84
99	79	79	80	80	81	81	82	82	83	83	84
98	78	79	79	80	80	81	81	82	82	83	83
97	77	78	79	79	80	80	81	81	82	82	83
96	77	77	78	78	79	80	80	81	81	82	82
95	76	77	77	78	78	79	79	80	80	81	81
94	76	76	77	77	78	78	79	79	80	80	81
93	75	76	76	77	77	78	78	79	79	80	80
92	75	75	76	76	77	77	78	78	79	79	80
91	74	74	75	76	76	77	77	78	78	79	79
90	73	74	74	75	75	76	76	77	77	78	78
89	73	73	74	74	75	75	76	76	77	77	78
88	72	73	73	74	74	75	75	76	76	77	77
87	72	72	73	73	74	74	75	75	76	76	77
86	71	72	72	73	73	74	74	75	75	75	76
85	70	71	72	72	73	73	73	74	74	75	75
84	70	70	71	71	72	72	73	73	74	74	75
83	69	70	70	71	71	72	72	73	73	74	74
82	69	69	70	70	71	71	72	72	73	73	73
81	68	69	69	70	70	71	71	71	72	72	73
80	68	68	69	69	70	70	70	71	71	72	72
79	67	67	68	68	69	69	70	70	71	71	72
78	66	67	67	68	68	69	69	70	70	70	71
77	66	66	67	67	68	68	69	69	69	70	70
76	65	66	66	67	67	68	68	68	69	69	70
75	65	65	66	66	66	67	67	68	68	69	69

EDAD (E)

Tempus

TIEMPO EINSTEIN	TIEMPO DE NEWTON (TN)										
EDAD (E)		59	60	61	62	63	64	65	66	67	68	69
	100	85	85	86	86	87	87	88	88	89	89	89
	99	84	85	85	86	86	87	87	88	88	88	89
	98	84	84	85	85	86	86	86	87	87	88	88
	97	83	84	84	85	85	85	86	86	87	87	87
	96	83	83	83	84	84	85	85	86	86	86	87
	95	82	82	83	83	84	84	85	85	85	86	86
	94	81	82	82	83	83	84	84	84	85	85	86
	93	81	81	82	82	82	83	83	84	84	85	85
	92	80	81	81	81	82	82	83	83	83	84	84
	91	79	80	80	81	81	82	82	82	83	83	84
	90	79	79	80	80	81	81	81	82	82	83	83
	89	78	79	79	80	80	80	81	81	82	82	82
	88	78	78	78	79	79	80	80	81	81	81	82
	87	77	77	78	78	79	79	79	80	80	81	81
	86	76	77	77	78	78	78	79	79	80	80	80
	85	76	76	77	77	77	78	78	79	79	79	80
	84	75	76	76	76	77	77	78	78	78	79	79
	83	74	75	75	76	76	77	77	77	78	78	78
	82	74	74	75	75	75	76	76	77	77	77	78
	81	73	74	74	74	75	75	76	76	76	77	77
	80	73	73	73	74	74	75	75	75	76	76	76
	79	72	72	73	73	74	74	74	75	75	75	76
	78	71	72	72	73	73	73	74	74	74	75	75
	77	71	71	71	72	72	73	73	73	74	74	74
	76	70	70	71	71	72	72	72	73	73	73	74
	75	69	70	70	71	71	71	72	72	72	73	73

Más rápido sí pero, ¿cuánto?

EDAD (E) / TIEMPO EINSTEIN	TIEMPO DE NEWTON (TN)									
	70	71	72	73	74	75	76	77	78	79	80
100	90	90	91	91	91	92	92	93	93	93	94
99	89	90	90	90	91	91	92	92	92	93	93
98	89	89	89	90	90	90	91	91	92	92	92
97	88	88	89	89	89	90	90	91	91	91	92
96	87	88	88	88	89	89	90	90	90	91	91
95	87	87	87	88	88	89	89	89	90	90	90
94	86	86	87	87	87	88	88	89	89	89	90
93	85	86	86	86	87	87	88	88	88	89	89
92	85	85	85	86	86	87	87	87	88	88	88
91	84	84	85	85	85	86	86	87	87	87	88
90	83	84	84	84	85	85	86	86	86	87	87
89	83	83	83	84	84	85	85	85	86	86	86
88	82	82	83	83	83	84	84	85	85	85	86
87	81	82	82	82	83	83	84	84	84	85	85
86	81	81	81	82	82	82	83	83	83	84	84
85	80	80	81	81	81	82	82	82	83	83	83
84	79	80	80	80	81	81	81	82	82	82	83
83	79	79	79	80	80	80	81	81	81	82	82
82	78	78	79	79	79	80	80	80	81	81	81
81	77	78	78	78	79	79	79	80	80	80	81
80	77	77	77	78	78	78	79	79	79	80	80
79	76	76	77	77	77	78	78	78	79	79	
78	75	76	76	76	77	77	77	78	78		
77	75	75	75	76	76	76	77	77			
76	74	74	75	75	75	76	76				
75	73	74	74	74	75	75					

Tempus

TIEMPO EINSTEIN \ TIEMPO DE NEWTON (TN)	81	82	83	84	85	86	87	88	89	90	91
100	94	94	95	95	95	96	96	96	97	97	97
99	93	94	94	94	95	95	95	96	96	96	97
98	93	93	93	94	94	94	95	95	95	96	96
97	92	92	93	93	93	94	94	94	95	95	95
96	91	92	92	92	93	93	93	94	94	94	95
95	91	91	91	92	92	92	93	93	93	94	94
94	90	90	91	91	91	92	92	92	93	93	93
93	89	90	90	90	91	91	91	92	92	92	92
92	89	89	89	90	90	90	90	91	91	91	92
91	88	88	89	89	89	89	90	90	90	91	91
90	87	88	88	88	88	89	89	89	90	90	
89	87	87	87	87	88	88	88	89	89		
88	86	86	86	87	87	87	88	88			
87	85	85	86	86	86	87	87				
86	84	85	85	85	86	86					
85	84	84	84	85	85						
84	83	83	84	84							
83	82	83	83								
82	82	82									
81	81										

EDAD (E)

Más rápido sí pero, ¿cuánto?

TIEMPO EINSTEIN	TIEMPO DE NEWTON (TN)								
EDAD (E)	92	93	94	95	96	97	98	99	100
100	98	98	98	99	99	99	99	100	100
99	97	97	98	98	98	98	99	99	
98	96	97	97	97	97	98	98		
97	96	96	96	96	97	97			
96	95	95	95	96	96				
95	94	94	95	95					
94	93	94	94						
93	93	93							
92	92								

Tempus

TIEMPO EINSTEIN	TIEMPO DE NEWTON (TN)											
	4	5	6	7	8	9	10	11	12	13	14
74	7	12	16	20	23	25	28	30	32	34	36
73	7	12	16	19	22	25	28	30	32	34	35
72	7	12	16	19	22	25	27	29	31	33	35
71	6	11	16	19	22	25	27	29	31	33	35
70	6	11	15	19	22	24	27	29	31	33	34
69	6	11	15	19	22	24	26	29	31	32	34
68	6	11	15	18	21	24	26	28	30	32	34
67	6	11	15	18	21	24	26	28	30	32	33
66	6	11	15	18	21	23	26	28	30	31	33
65	6	11	15	18	21	23	25	27	29	31	33
64	6	11	14	18	21	23	25	27	29	31	32
63	6	11	14	18	20	23	25	27	29	30	32
62	6	10	14	17	20	22	25	27	28	30	32
61	6	10	14	17	20	22	24	26	28	30	31
60	6	10	14	17	20	22	24	26	28	29	31
59	6	10	14	17	19	22	24	26	27	29	31
58	6	10	14	17	19	22	24	25	27	29	30
57	6	10	13	16	19	21	23	25	27	28	30
56	6	10	13	16	19	21	23	25	27	28	29
55	5	10	13	16	19	21	23	25	26	28	29
54	5	10	13	16	18	21	22	24	26	27	29
53	5	9	13	16	18	20	22	24	26	27	28
52	5	9	13	15	18	20	22	24	25	27	28
51	5	9	12	15	18	20	22	23	25	26	28
50	5	9	12	15	17	20	21	23	25	26	27
49	5	9	12	15	17	19	21	23	24	26	27

EDAD (E)

Más rápido sí pero, ¿cuánto?

TIEMPO EINSTEIN / EDAD (E)	TIEMPO DE NEWTON (TN)										
	15	**16**	**17**	**18**	**19**	**20**	**21**	**22**	**23**	**24**	**25**
74	37	39	40	41	43	44	45	46	47	48	49
73	37	38	40	41	42	43	45	46	47	48	48
72	36	38	39	41	42	43	44	45	46	47	48
71	36	38	39	40	41	43	44	45	46	47	48
70	36	37	39	40	41	42	43	44	45	46	47
69	35	37	38	39	41	42	43	44	45	46	47
68	35	36	38	39	40	41	42	43	44	45	46
67	35	36	37	39	40	41	42	43	44	45	46
66	34	36	37	38	39	41	42	43	43	44	45
65	34	35	37	38	39	40	41	42	43	44	45
64	34	35	36	37	39	40	41	42	43	43	44
63	33	35	36	37	38	39	40	41	42	43	44
62	33	34	36	37	38	39	40	41	42	43	43
61	33	34	35	36	37	38	39	40	41	42	43
60	32	34	35	36	37	38	39	40	41	42	42
59	32	33	34	35	37	38	39	39	40	41	42
58	32	33	34	35	36	37	38	39	40	41	42
57	31	32	34	35	36	37	38	39	39	40	41
56	31	32	33	34	35	36	37	38	39	40	41
55	30	32	33	34	35	36	37	38	39	39	40
54	30	31	32	33	34	35	36	37	38	39	40
53	30	31	32	33	34	35	36	37	38	38	39
52	29	31	32	33	34	35	35	36	37	38	39
51	29	30	31	32	33	34	35	36	37	37	38
50	29	30	31	32	33	34	35	35	36	37	38
49	28	29	30	31	32	33	34	35	36	36	37

Tempus

TIEMPO EINSTEIN	TIEMPO DE NEWTON (TN)											
EDAD (E)		26	27	28	29	30	31	32	33	34	35	36
	74	50	51	52	52	53	54	55	55	56	57	57
	73	49	50	51	52	53	53	54	55	56	56	57
	72	49	50	51	51	52	53	54	54	55	56	56
	71	48	49	50	51	52	52	53	54	54	55	56
	70	48	49	50	50	51	52	53	53	54	55	55
	69	48	48	49	50	51	51	52	53	53	54	55
	68	47	48	49	49	50	51	52	52	53	54	54
	67	47	47	48	49	50	50	51	52	52	53	54
	66	46	47	48	48	49	50	51	51	52	52	53
	65	46	46	47	48	49	49	50	51	51	52	53
	64	45	46	47	47	48	49	50	50	51	51	52
	63	45	45	46	47	48	48	49	50	50	51	51
	62	44	45	46	46	47	48	48	49	50	50	51
	61	44	44	45	46	47	47	48	49	49	50	50
	60	43	44	45	45	46	47	47	48	49	49	50
	59	43	44	44	45	46	46	47	47	48	49	49
	58	42	43	44	44	45	46	46	47	48	48	49
	57	42	43	43	44	45	45	46	46	47	48	48
	56	41	42	43	43	44	45	45	46	46	47	48
	55	41	42	42	43	44	44	45	45	46	46	47
	54	40	41	42	42	43	44	44	45	45	46	46
	53	40	41	41	42	42	43	44	44	45	45	46
	52	39	40	41	41	42	43	43	44	44	45	45
	51	39	40	40	41	41	42	43	43	44	44	45
	50	38	39	40	40	41	42	42	43	43	44	44
	49	38	39	39	40	40	41	42	42	43	43	44

Más rápido sí pero, ¿cuánto?

TIEMPO EINSTEIN	TIEMPO DE NEWTON (TN)										
	37	38	39	40	41	42	43	44	45	46	47
74	58	59	59	60	60	61	61	62	63	63	64
73	57	58	59	59	60	60	61	61	62	62	63
72	57	58	58	59	59	60	60	61	61	62	62
71	56	57	58	58	59	59	60	60	61	61	62
70	56	56	57	58	58	59	59	60	60	61	61
69	55	56	56	57	58	58	59	59	60	60	61
68	55	55	56	56	57	58	58	59	59	59	60
67	54	55	55	56	56	57	57	58	58	59	59
66	54	54	55	55	56	56	57	57	58	58	59
65	53	54	54	55	55	56	56	57	57	58	58
64	53	53	54	54	55	55	56	56	57	57	58
63	52	53	53	54	54	55	55	56	56	56	57
62	51	52	53	53	54	54	55	55	55	56	56
61	51	51	52	52	53	53	54	54	55	55	56
60	50	51	51	52	52	53	53	54	54	55	55
59	50	50	51	51	52	52	53	53	54	54	54
58	49	50	50	51	51	52	52	53	53	53	54
57	49	49	50	50	51	51	52	52	52	53	53
56	48	49	49	50	50	50	51	51	52	52	53
55	48	48	48	49	49	50	50	51	51	52	52
54	47	47	48	48	49	49	50	50	51	51	51
53	46	47	47	48	48	49	49	50	50	50	51
52	46	46	47	47	48	48	49	49	49	50	50
51	45	46	46	47	47	48	48	48	49	49	50
50	45	45	46	46	46	47	47	48	48	49	49
49	44	45	45	45	46	46	47	47	48	48	48

EDAD (E)

Tempus

TIEMPO EINSTEIN	TIEMPO DE NEWTON (TN)										
	48	**49**	**50**	**51**	**52**	**53**	**54**	**55**	**56**	**57**	**58**
74	64	64	65	65	66	66	67	67	68	68	68
73	63	64	64	65	65	66	66	67	67	67	68
72	63	63	64	64	65	65	65	66	66	67	67
71	62	63	63	64	64	64	65	65	66	66	66
70	62	62	63	63	63	64	64	65	65	65	66
69	61	61	62	62	63	63	64	64	64	65	65
68	60	61	61	62	62	63	63	63	64	64	65
67	60	60	61	61	62	62	62	63	63	64	64
66	59	60	60	60	61	61	62	62	62	63	63
65	59	59	59	60	60	61	61	61	62	62	63
64	58	58	59	59	60	60	60	61	61	62	62
63	57	58	58	59	59	59	60	60	61	61	61
62	57	57	58	58	58	59	59	60	60	60	61
61	56	57	57	57	58	58	59	59	59	60	60
60	56	56	56	57	57	58	58	58	59	59	59
59	55	55	56	56	56	57	57	58	58	58	59
58	54	55	55	55	56	56	57	57	57	58	58
57	54	54	54	55	55	56	56	56	57	57	
56	53	53	54	54	55	55	55	56	56		
55	52	53	53	54	54	54	55	55			
54	52	52	53	53	53	54	54				
53	51	52	52	52	53	53					
52	51	51	51	52	52						
51	50	50	51	51							
50	49	50	50								
49	49	49									

EDAD (E)

Más rápido sí pero, ¿cuánto?

TIEMPO EINSTEIN	TIEMPO DE NEWTON (TN)										
	59	**60**	**61**	**62**	**63**	**64**	**65**	**66**	**67**	**68**	**69**
74	69	69	70	70	70	71	71	71	72	72	72
73	68	69	69	69	70	70	70	71	71	71	72
72	67	68	68	69	69	69	70	70	70	71	71
71	67	67	68	68	68	69	69	69	70	70	70
70	66	67	67	67	68	68	68	69	69	69	70
69	66	66	66	67	67	67	68	68	68	69	69
68	65	65	66	66	66	67	67	67	68	68	
67	64	65	65	65	66	66	66	67	67		
66	64	64	64	65	65	65	66	66			
65	63	63	64	64	64	65	65				
64	62	63	63	63	64	64					
63	62	62	62	63	63						
62	61	61	62	62							
61	60	61	61								
60	60	60									
59	59										

(EDAD (E))

TIEMPO EINSTEIN	TN				
	70	**71**	**72**	**73**	**74**
74	73	73	73	74	74
73	72	72	73	73	
72	71	72	72		
71	71	71			
70	70				

(EDAD (E))

Tempus

TIEMPO EINSTEIN	TIEMPO DE NEWTON (TN)										
EDAD (E)		4	5	6	7	8	9	10	11	12	13	14
	48	5	9	12	15	17	19	21	22	24	25	27
	47	5	9	12	14	17	19	21	22	24	25	26
	46	5	9	12	14	17	19	20	22	23	25	26
	45	5	8	12	14	16	18	20	22	23	24	26
	44	5	8	11	14	16	18	20	21	23	24	25
	43	5	8	11	14	16	18	19	21	22	24	25
	42	5	8	11	13	16	17	19	21	22	23	25
	41	5	8	11	13	15	17	19	20	22	23	24
	40	4	8	11	13	15	17	19	20	21	23	24
	39	4	8	11	13	15	17	18	20	21	22	23
	38	4	8	10	13	15	16	18	19	21	22	23
	37	4	8	10	12	14	16	18	19	20	22	23
	36	4	7	10	12	14	16	17	19	20	21	22
	35	4	7	10	12	14	16	17	19	20	21	22
	34	4	7	10	12	14	15	17	18	19	21	22
	33	4	7	10	12	13	15	17	18	19	20	21
	32	4	7	9	11	13	15	16	18	19	20	21
	31	4	7	9	11	13	15	16	17	18	19	20
	30	4	7	9	11	13	14	16	17	18	19	20
	29	4	7	9	11	13	14	15	17	18	19	20
	28	4	6	9	11	12	14	15	16	17	18	19
	27	4	6	9	10	12	14	15	16	17	18	19
	26	3	6	8	10	12	13	14	16	17	18	19
	25	3	6	8	10	12	13	14	15	16	17	18
	24	3	6	8	10	11	13	14	15	16	17	18
	23	3	6	8	10	11	12	14	15	16	17	17

Más rápido sí pero, ¿cuánto?

TIEMPO EINSTEIN	TIEMPO DE NEWTON (TN)										
		15	16	17	18	19	20	21	22	23	24	25
EDAD (E)	48	28	29	30	31	32	33	34	34	35	36	37
	47	27	29	30	31	32	32	33	34	35	36	36
	46	27	28	29	30	31	32	33	34	34	35	36
	45	27	28	29	30	31	32	32	33	34	35	35
	44	26	27	28	29	30	31	32	33	33	34	35
	43	26	27	28	29	30	31	31	32	33	34	34
	42	26	27	28	29	29	30	31	32	32	33	34
	41	25	26	27	28	29	30	31	31	32	33	33
	40	25	26	27	28	29	29	30	31	31	32	33
	39	24	25	26	27	28	29	30	30	31	32	32
	38	24	25	26	27	28	28	29	30	30	31	32
	37	24	25	26	26	27	28	29	29	30	31	31
	36	23	24	25	26	27	27	28	29	30	30	31
	35	23	24	25	26	26	27	28	28	29	30	30
	34	23	23	24	25	26	27	27	28	29	29	30
	33	22	23	24	25	25	26	27	27	28	29	29
	32	22	23	23	24	25	26	26	27	28	28	29
	31	21	22	23	24	25	25	26	26	27	28	28
	30	21	22	23	23	24	25	25	26	27	27	28
	29	21	21	22	23	24	24	25	25	26	27	27
	28	20	21	22	22	23	24	24	25	26	26	27
	27	20	21	21	22	23	23	24	24	25	26	26
	26	19	20	21	22	22	23	23	24	25	25	26
	25	19	20	20	21	22	22	23	23	24	25	25
	24	19	19	20	21	21	22	22	23	24	24	
	23	18	19	20	20	21	21	22	22	23		

Tempus

TIEMPO EINSTEIN	TIEMPO DE NEWTON (TN)										
EDAD (E)	**26**	**27**	**28**	**29**	**30**	**31**	**32**	**33**	**34**	**35**	**36**
48	37	38	39	39	40	40	41	42	42	43	43
47	37	38	38	39	39	40	40	41	41	42	42
46	36	37	38	38	39	39	40	40	41	41	42
45	36	37	37	38	38	39	39	40	40	41	41
41	34	34	35	36	36	37	37	38	38	39	39
40	33	34	34	35	36	36	37	37	37	38	38
39	33	33	34	34	35	36	36	36	37	37	38
38	32	33	33	34	34	35	35	36	36	37	37
37	32	32	33	33	34	34	35	35	36	36	37
36	31	32	32	33	33	34	34	35	35	36	36
35	31	31	32	32	33	33	34	34	35	35	
34	30	31	31	32	32	33	33	34	34		
33	30	30	31	31	32	32	33	33			
32	29	30	30	31	31	32	32				
31	29	29	30	30	31	31					
30	28	29	29	30	30						
29	28	28	29	29							
28	27	28	28								
27	27	27									
26	26										

Más rápido sí pero, ¿cuánto?

TIEMPO EINSTEIN / EDAD (E)	TIEMPO DE NEWTON (TN)										
	37	38	39	40	41	42	43	44	45	46	47
48	43	44	44	45	45	46	46	46	47	47	48
47	43	43	44	44	45	45	45	46	46	47	47
46	42	43	43	44	44	44	45	45	46	46	
45	42	42	43	43	43	44	44	45	45		
44	41	42	42	42	43	43	44	44			
43	41	41	41	42	42	43	43				
42	40	40	41	41	42	42					
41	39	40	40	41	41						
40	39	39	40	40							
39	38	39	39								
38	38	38									
37	37										

Tempus

TIEMPO EINSTEIN \ TIEMPO DE NEWTON (TN)	4	5	6	7	8	9	10	11	12	13	14
22	3	6	8	9	11	12	13	14	15	16	17
21	3	6	7	9	11	12	13	14	15	16	17
20	3	5	7	9	10	12	13	14	15	15	16
19	3	5	7	9	10	11	12	13	14	15	16
18	3	5	7	9	10	11	12	13	14	15	15
17	3	5	7	8	10	11	12	13	14	14	15
16	3	5	7	8	9	11	12	12	13	14	15
15	3	5	6	8	9	10	11	12	13	14	14
14	3	5	6	8	9	10	11	12	13	13	14
13	3	5	6	8	9	10	11	12	12	13	
12	2	4	6	7	8	10	10	11	12		
11	2	4	6	7	8	9	10	11			
10	2	4	6	7	8	9	10				
9	2	4	6	7	8	9					
8	2	4	6	7	8						
7	2	4	6	7							
6	2	4	6								
5	3	5									
4	4										

EDAD (E)

Más rápido sí pero, ¿cuánto?

TIEMPO EINSTEIN \ TIEMPO DE NEWTON (TN)	15	16	17	18	19	20	21	22
22	18	18	19	20	20	21	21	22
21	17	18	19	19	20	20	21	
20	17	18	18	19	19	20		
19	17	17	18	18	19			
18	16	17	17	18				
17	16	16	17					
16	15	16						
15	15							

Tempus

Pongamos un ejemplo para entender cómo funciona. Supongamos que a nuestros 60 años queremos comparar la duración de 10 años de nuestra adolescencia y juventud (pongamos entre los 12 y los 22 años) y los últimos 10 años vividos (entre los 50 y los 60).

Pues bien, en este caso E=60 y TN alcanza los valores de 60, 50, 22 y 12 respectivamente. Si miramos la tabla de tiempos obtenemos:

TN=60 → TE=60

TN=50 → TE=56

TN=22 → TE=40

TN=12 → TE=28

Por lo tanto, los años 10 años de Newton de adolescencia duraron 12 (40-28) años de Einstein, mientras que los últimos 10 años de Newton apenas duraron 4 (60-56). ¿De verdad resulta tan sorprendente?

Más rápido sí pero, ¿cuánto?

Pero avancemos para llegar al siguiente concepto, que nos aportará más información: la Velocidad del Paso del Tiempo.

Como ya comentamos, es la variación del Tiempo de Newton con respecto al de Einstein, y en nuestra analogía representa la rapidez con que nuestro coche recorre la senda de la vida.

Se deduce de los cálculos realizados, los cuales se encuentran el el apéndice final, que la velocidad del paso del tiempo sólo depende de la edad. En la tabla de la página siguiente se muestran los diferentes valores para cada una de las edades.

Así como utilizábamos la relación entre TE y TN para comparar el tiempo ya pasado, utilizaremos la Velocidad del Paso del Tiempo para las estimaciones que hacemos a futuro.

Para entender por qué, recurriremos de nuevo al coche. Si vamos circulando a una velocidad de 60 Km/h y queremos predecir cuánto tiempo tardaremos en recorrer los próximos 180 Km, deberemos dividir esta distancia entre la velocidad a la que nos movemos. Así, 180 divido entre 60 es igual a 3, que son las horas que nos faltan para llegar.

De la misma forma tendremos que dividir el período a considerar en tiempo de Newton entre la velocidad y obtendremos su equivalencia en tiempo de Einstein. Un ejemplo bastante gráfico de esto es cuando mi tía, a sus 64 años, le dice a su nieto de 6 que solo quedan dos semanas para su cumpleaños. Veamos las cuentas de cada uno:

La VPT de mi tía en la actualidad es de

$$VPT(64)=3,06$$

Tempus

Edad	VPT	Edad	VPT	Edad	VPT	Edad	VPT
1	-	26	2,16	51	2,83	76	3,23
2	-	27	2,20	52	2,85	77	3,25
3	-	28	2,23	53	2,87	78	3,26
4	0,29	29	2,27	54	2,89	79	3,27
5	0,51	30	2,30	55	2,91	80	3,28
6	0,69	31	2,34	56	2,93	81	3,30
7	0,85	32	2,37	57	2,94	82	3,31
8	0,98	33	2,40	58	2,96	83	3,32
9	1,10	34	2,43	59	2,98	84	3,33
10	1,20	35	2,46	60	3,00	85	3,34
11	1,30	36	2,48	61	3,01	86	3,36
12	1,39	37	2,51	62	3,03	87	3,37
13	1,47	38	2,54	63	3,04	88	3,38
14	1,54	39	2,56	64	3,06	89	3,39
15	1,61	40	2,59	65	3,08	90	3,40
16	1,67	41	2,61	66	3,09	91	3,41
17	1,73	42	2,64	67	3,11	92	3,42
18	1,79	43	2,66	68	3,12	93	3,43
19	1,85	44	2,69	69	3,14	94	3,44
20	1,90	45	2,71	70	3,15	95	3,46
21	1,95	46	2,73	71	3,16	96	3,47
22	1,99	47	2,75	72	3,18	97	3,48
23	2,04	48	2,77	73	3,19	98	3,49
24	2,08	49	2,79	74	3,21	99	3,50
25	2,12	50	2,81	75	3,22	100	3,51

y la del nieto

$$VPT(6)=0{,}69$$

Los 14 días de Newton de mi tía son apenas 4 y medio (14 dividido entre 3,06) días de Einstein, mientras que para el nieto son 20 (14 entre 0,69), es decir, más del cuádruple. Y la abuela decía que SOLO quedan 14 días...

Tenemos ya pues una forma de medir el Tiempo de Einstein en el pasado y de estimarlo en el futuro, lo que nos permite hacernos una serie de preguntas. Empezaré por la primera que se me vino a mí a la cabeza:

¿Cuál es el ecuador de nuestra vida?

Para saber dónde está la mitad de algo primero tenemos que saber su principio y su final. El principio es en este caso evidente, pero con respecto al final no podemos más que especular. A pesar de que la esperanza de vida varía con la edad, la sociedad en la que vivimos y el sexo, tomaremos los 85 años como dato para hacer cuentas. Es la de una mujer adulta en España, pero en todo caso es una cifra que esperaríamos razonablemente escuchar si hiciéramos una encuesta. Y recordemos que esto va de expectativas, no de estadística.

Pues bien, suponiendo que vivimos hasta los 85 años el paso del ecuador lo daremos a los 43 años de Newton. Sin embargo, en nuestro lecho de muerte (lamento el drama) descubriríamos que es otra la edad que parte nuestra vida en dos mitades. Averigüémoslo antes de llegar a tan luctuoso momento.

Si buscamos en la tabla de tiempos la edad de 85 años y nos desplazamos en horizontal hasta encontrar el 43 (la mitad de 85), descubriremos que la edad buscada es… ¡16 años!

Es decir, que al final de nuestros días descubrimos que toda nuestra infancia y adolescencia fue tan larga como todo el resto de nuestra vida. ¿Inquietante?

Si el lector ronda ésta edad (los 85, no los 16. Con una mente aun ágil e inquieta, como prueba estar embarcado en tan apasionante lectura) puede analizarse y pensar si no vamos desencaminados.

El lector más joven probablemente encuentre esta edad demasiado temprana. Ciertamente un adolescente no tiene a los dieciséis la sensación de haber cubierto la mitad del trayecto.

Esto es porque cometemos el error de pensar en los años venideros como si fueran a pasar a la velocidad a la que pasan ahora, y ya vamos viendo que esto no es así. Este racionamiento nos lleva a la segunda pregunta, que yo encuentro aún más interesante:

Más rápido sí pero, ¿cuánto?

¿En qué momento pensamos estar pasando por el ecuador de nuestra vida?

(Siempre en Tiempo de Einstein, por supuesto)

Mediante un cálculo que no se puede hacer solo con ayuda de las tablas (y que se encuentra en el apéndice al final), se deduce que entre los 26 años y medio y los 27. Una curiosa edad, de infausto recuerdo en el mundo del rock. ¿Será la crisis de los 30 una consecuencia de que adquirimos conciencia del paso del ecuador? Por otro lado, ¡qué inocentes! Ya descubriremos que ya hace una década lo habíamos cruzado.

Pues bien, ya sabemos manejar la herramienta. Saciemos nuestra curiosidad con algunas consecuencias que se derivan de su uso.

PARECE QUE FUE AYER

Antes de continuar, aclararemos un punto que tal vez esté confundiendo a más de un lector: la percepción de lo que dura un periodo tiempo no está necesariamente relacionada con la cantidad de recuerdos acumulados durante el mismo.

Cuando anteriormente afirmamos que un hombre al final de su vida descubre que su adolescencia y juventud ha durado lo mismo que todo el resto, no se sugiere que las experiencias acumuladas en ambos periodos sean equiparables, sino que debido a la lentitud con la que entonces pasaban los meses y la velocidad a la que lo hacen últimamente, ambos son percibidos igualmente largos (o cortos).

En este capítulo plantearemos algunos escenarios que nos permitan familiarizarnos con el uso de las tablas, así como descubrir cómo se percibe el tiempo a distintas edades.

Para el primero pongamos una edad cualquiera, que en este caso corresponde a la de un joven, casi adolescente, que apenas acaba de despertar a este gran enigma que es la vida. La mía. 37 años.

En primer lugar, trataremos de saber cuál es la edad que divide el Tiempo de Einstein de este púber en dos mitades. En la tabla de tiempos localizamos el valor 37 en la columna de la edad, y seguimos esa línea hasta dar con la mitad de 37, esto es, 19 (como en

Tempus

la tabla no hay fracciones de año, y como los 38 acechan a nuestro protagonista, aproximaremos a este entero). Una vez que damos con el número miramos a qué Tiempo de Newton corresponde: 11 años.

¿Y las tres cuartas partes? Pues de la misma forma, y siempre sobre la línea de los 37 años de edad, buscamos las tres cuartas partes de 37 (aproximadamente 28), que corresponden a unos 20 años de Newton.

Parece que fue ayer

Aquí va una curiosa: ¿a qué edad la velocidad del paso del tiempo es igual a 1? Es decir, ¿cuántos años tenemos cuando un mes nos parece un mes? Si miramos la tabla de velocidades descubriremos que ocurre a los 8 años de edad.

El día de mañana

Los que tenemos hijos nos encontramos a menudo repitiendo los argumentos que nuestros padres utilizaban para convencernos de la utilidad de los sacrificios del hoy, que sin duda repercutirían con creces en nuestro bienestar el día de mañana. Cuando nos sorprendemos en ese trance nos recorre una mezcla de desconcierto e incomodidad: ¿no era que ellos no entendían nada de lo que era o no importante?, ¿acaso no sabría yo corregir esa incompetencia con mis propios hijos, que reconocerían con agradecimiento contar con alguien que realmente supiera hablar con ellos en su mismo idioma? Si me hubiera decidido a usar emoticonos, aquí es dónde iría el de una pelotita amarilla llorando de la risa.

Dejando a un lado el conflicto generacional y la torpe ingenuidad con la que algunos alcanzamos la adultez, tratemos de analizar la consistencia del argumento desde el punto de vista del niño y del padre.

Supongamos pues la siguiente escena: un hombre de unos 40 años alecciona a su primogénito preadolescente, de digamos 12 años, acerca de sus estudios y cómo el duro trabajo traerá su recompensa cuando se haga un hueco en el mundo laboral, al que siendo realistas (e incluso optimistas), no accederá antes de los 25 años.

Nuestro zagal echa cuentas: a los 12 años la vida transcurre a una velocidad de 1,38; así que los próximos 13 años de Newton son en realidad 8,7 (13 dividido entre 1,38) años de Einstein. Si 12 años es lo que dura toda una vida tengo cosas más importantes en las que pensar que lo que pueda pasar dentro de 9, si es que el mundo aún existe para entonces.

Parece que fue ayer

Sin embargo las sensaciones respecto a esos 13 años de Newton son distintas para el padre: la velocidad del paso del tiempo a los 40 es de 2,59, así que los próximos 13 años en realidad pasarán en sólo 5, un suspiro para quien ya ha transitado a través de cuatro décadas. Por lo tanto el sacrificio se concentra en muy poco tiempo y por descontado merece la pena. ¿Cómo es que no lo ve?

Quizá el celo con el que el progenitor afronta la tarea educativa le impide considerar un enfoque diferente; él ha pasado formándose los primeros 25 años de su vida, que serían unos 33 de Einstein, así que sólo lleva 7 trabajando. Si espera jubilarse a los 65, le faltan 25 de vida laboral, que a la velocidad que ya vimos que va la cosa a los 40 (2,59), corresponden a menos de 10 (25 entre 2,59). Es decir, se ha pasado 33 años preparándose para una vida profesional de 17 (7+10). El doble.

Nada más lejos de mi intención sugerir que no sea necesario, e incluso recomendable, realizar algunas renuncias con vista a lo que el mañana nos pueda deparar, pero el tamaño del sacrificio debe estar acorde con el premio. El esfuerzo será quizá recompensado, pero no parece muy sabio condenar el presente por la promesa de futuro.

¿Cuánto dura la adolescencia?

Como hemos visto la extensión de los distintos periodos de la vida varían en función de la edad desde la que los observamos, por lo que cabe preguntarse cuánto duran exactamente.

Existen varias formas de dividir en etapas el ciclo de nuestras vidas, con nombres y longitudes diversas según el autor o la organización. La que sigue sólo es una más:

Primera infancia: de 0 a 5 años

Niñez: de 6 a 10 años

Adolescencia: de 11 a 19 años

Juventud: de 20 a 35 años

Madurez: de 36 a 64 años

Vejez o 3ª edad: a partir de 65 años

Si la representamos en la carretera del Tiempo de Newton veríamos lo siguiente

Estas divisiones suelen estar relacionadas con criterios biológicos, de tal forma que se agrupan una serie de años caracterizados por fases de crecimiento, maduración y degeneración de los distintos órganos y tejidos, y su consiguiente relación con los atributos físicos e intelectuales.

El hecho de que los periodos de maduración y declive sean más extensos que los de formación y crecimiento explica que estas divisiones tengan

Tempus

duraciones distintas, siendo mucho más larga, por ejemplo, la madurez que la niñez.

Todo esto está muy bien si lo medimos en Tiempo de Newton pero, ¿nosotros cómo lo percibimos? Como ya sabemos depende de la edad en la que nos hagamos la pregunta. Veamos las carreteras del tiempo para un adolescente, un joven, un adulto en su madurez y un representante de la 3ª edad.

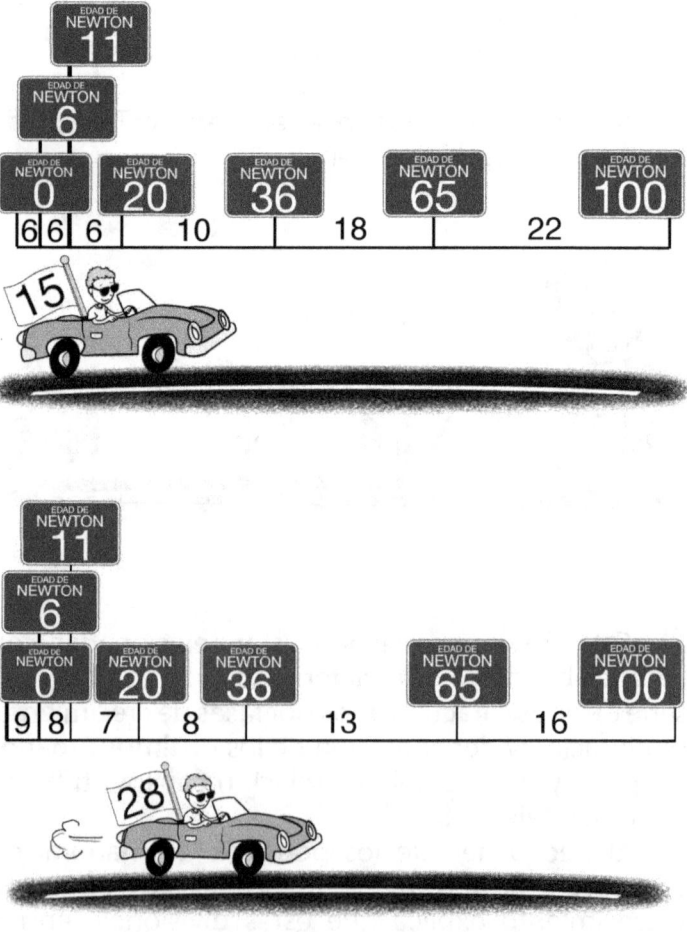

Parece que fue ayer

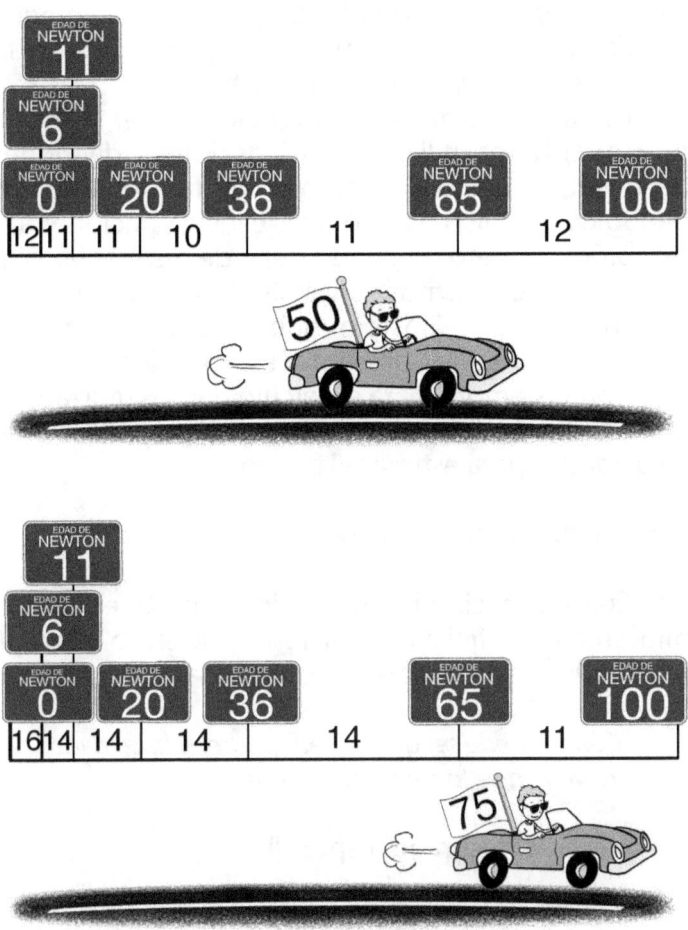

La carretera del adolescente guarda una gran similitud con la de Newton. Esto es así porque para nuestro quinceañero los años venideros transcurrirán a la misma velocidad a la que lo hacen ahora (1,61 según la tabla de velocidades).

Sin embargo esto va cambiando con el paso de

los años. Detengámonos en particular en el periodo de madurez. Resulta que para un hombre de mediana edad las diferentes etapas duran prácticamente lo mismo (entre 10 y 12 años de Einstein).

Nada más lejos de mi intención poner en duda que los criterios utilizados para decidir las divisiones de la vida en etapas se basan en profundos estudios biológicos, análisis psicológicos e investigaciones antropológicas, pero no puedo dejar de resaltar la coincidencia de los mismos con la división en partes iguales (en Tiempo de Einstein) que haría un erudito a la edad a la que suelen presentar estudios los eruditos.

Como siempre, para el cálculo hemos utilizado la tabla de tiempos para evaluar el pasado y la tabla de velocidades para estimar el futuro.

Parece que fue ayer

Cuando nació el primer hijo de un buen amigo mío, su madre, fiel a la tradición y haciendo honor al estereotipo, hizo el siguiente comentario:

"Cómo puede ser que ya seas padre, si hace nada era yo la que te cambiaba los pañales."

A lo que mi amigo respondió:

"Hombre mamá, cómo te gusta exagerar. Que tengo ya 30 años."

Forma parte del choque generacional que a los padres les cueste asumir la rápida transformación de sus niños en adolescentes y luego en adultos. Hay una resistencia a reconocer en ellos independencia, pensamiento crítico, responsabilidad o capacidad para tomar sus propias decisiones. No es tanto que

Parece que fue ayer

no quieran hacerlo, sino que a la velocidad en que se producen los cambios es difícil apreciarlos en el momento en que van ocurriendo.

Por el otro lado, a los hijos tampoco les es fácil asimilar que sus padres tuvieron una vida antes de llegar ellos, y que a pesar de que en las fotos del salón ese periodo ocupe menos espacio que el resto, pudiera tener una duración comparable a la larga vida en común.

Es un milagro que en ocasiones lleguemos a entendernos.

Pongámosle números. Para mi amigo, La duración de los años compartidos es obvia, 30. Toda su vida. Veamos la gráfica de su madre, de 57 años:

Sus últimos treinta años, en los que ha visto crecer a ese hijo que acaba de convertirla en abuela, son percibidos por ella como sólo 14. ¿Cómo explicarle que efectivamente hace no tanto le dormía brazos? ¿Y cómo hacerle entender que hubo un tiempo, que ocupó casi tres cuartas partes de su vida tal y como la percibe, en el que él no estaba?

Me temo que sólo hay una respuesta posible, resumida en el inquietante epitafio que se puede leer en la capilla del Osario de la iglesia de Santa María en Wamba[1]:

"Como te ves yo me vi, como me ves te verás"

De toda la vida

Ocurre que los personajes y situaciones que conocimos en nuestra infancia adquieren el carácter de cosas de toda la vida. Yo nací en 1977. Cuando era pequeño el Papa era Juan Pablo II, los canales de televisión eran públicos, pagábamos en pesetas, cursábamos la EGB, en los equipos de fútbol no había sitio para más de dos extranjeros, comprábamos en tiendas de barrio, jugábamos en la calle y el presidente del gobierno era Felipe González.

Lo más habitual es que consideremos que en los últimos tiempos las cosas van a peor. Así, nos escandaliza la mala educación de los niños de ahora, nos irrita la poca preparación de la clase política y nos asombra la falta de formación de la generación de la LOGSE.

Por descontado a nuestros padres les parecía que carecíamos de disciplina, que la música de entonces era ruido en 2 por 4 y que se notaba que nosotros no habíamos conocido la reválida. Me temo que ciertas actitudes se encuentran ancladas en círculos de eter-

---

1. La iglesia de Santa María, en Wamba (léase Bamba), provincia de Valladolid, es un templo románico del siglo XII, aunque tiene un cabecero mozárabe del siglo X. Está formada por tres naves y las capillas de Doña Urraca y del Osario, que recibe este nombre porque está decorada con cráneos y huesos humanos.

Parece que fue ayer

no retorno.

Pero, ¿es posible que las cosas de toda la vida no hayan durado tanto?

Usemos como ejemplo a Felipe González. Fue presidente entre diciembre de 1982 y mayo de 1996, es decir, algo más de 13 años.

Para alguien de mi edad (37) la duración de su mandato en años de Einstein es fácil de calcular: con ayuda de de la tabla de tiempos averiguo los equivalentes a 19 y 5 años de Newton:

$$TN=19 \rightarrow TE=27$$

$$TN=5 \rightarrow TE=8$$

Restando ambos (27 – 8) obtengo la duración del periodo en años de Einstein. Es decir, que para mi gobernó 19 de 37 años. Incluso sería acertado decir que, como a los 5 años a mí la política me importaba más bien nada, no recuerdo a ningún presidente anterior, por lo que mi percepción es que fue el presidente durante mis primeros 27 años. Vaya, el de toda la vida.

Tempus

¿Por qué dejamos los libros a la mitad?

Hace algún tiempo leí un artículo en la prensa de un escritor que afirmaba no tener piedad con los libros que empezaba. Así, cuando a las pocas páginas tenía la sensación de pérdida de tiempo (ya sea porque el tema no le interesaba o sencillamente porque estaba mal escrito) lo apartaba para sumergirse en otro.

Contaba que cuando era joven leía siempre hasta el final lo que caía en sus manos, quizá porque creía que podría devorar todos los libros del mundo. Pero que al ir envejeciendo entendió que el tiempo era un bien escaso, y no tenía intención de desperdiciarlo indultando obras que no le interesaban.

Comentamos ya que a eso de los 27 años tenemos la sensación de estar pasando por el ecuador del trayecto, lo que quiere decir que lo que nos queda por delante es otra vida igual a la vivida. No sé si es en ese o en un momento anterior en el que nos damos cuenta de que no podremos serlo o hacerlo todo, y que tendremos que elegir. El maestro Sabina lo expresaba así:

No soy un fulano

con la lágrima fácil,

de esos que se quejan sólo por vicio.

Si la vida se deja yo le meto mano

y si no aún me excita mi oficio,

y como además sale gratis soñar

Parece que fue ayer

y no creo en la reencarnación,

con un poco de imaginación

partiré de viaje enseguida

a vivir otras vidas,

a probarme otros nombres,

a colarme en el traje y la piel

de todos los hombres

que nunca seré

No seremos legionarios en Melilla, mercaderes en Damasco, taxistas en Nueva York, mejor tiempo en Le Mans y piratas cojos. No todo.
Pero, ¿qué pasa cuando somos niños?
Tratemos de averiguar cuántas vidas le quedan por vivir a un niño de, pongamos, 8 años. A esa edad recordamos que el tiempo transcurría a una velocidad próxima a 1, con lo que los 77 años de Newton que le quedarían hasta los 85 serían también 77 años de Einstein. Es decir, a nuestro protagonista le quedan nada más y nada menos que casi 10 vidas más como las que conoce.

Tempus

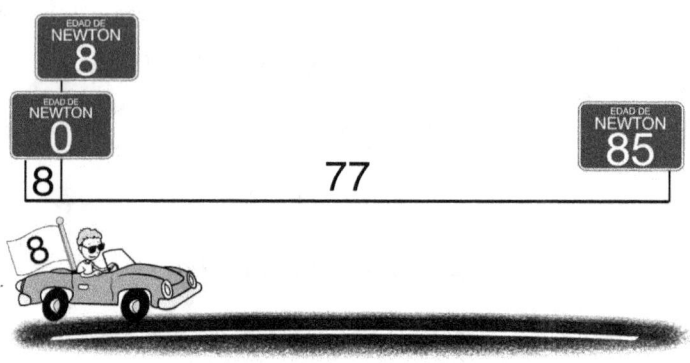

Por supuesto para un niño esa cantidad de tiempo es tan abrumadora que es asimilable a infinito, pero quizá el lector pueda detenerse en este momento y pensar qué sensación tendría si le quedaran aún diez vidas como las que conoce. No los años que tiene multiplicados por 10, sino diez vidas. Ilustrémoslo con un ejemplo.

Supongamos una mujer de 45 años. A esa edad el tiempo discurre a una velocidad de 2,71. Otra vida como la que conoce durará 45 años de Einstein, que tendremos que multiplicar por la velocidad para convertirlos en años de Newton, esto es, 45 x 2,71 = 122 años de Newton. Si en lugar de una queremos saber la duración de 10 hacemos una nueva multiplicación y nos salen ¡1.220 años de Newton! Pues es así de larga como un niño de 8 años ve su vida. Infinita.

¿Esto sólo funciona con años?

Pues no. Las tablas están diseñadas para ser usadas con años enteros, aunque no habría problema en hacer las cuentas con fracciones de los mismos. Ha habido que establecer un límite que las haga practicables, pero podríamos alcanzar el grado de detalle que quisiéramos siempre que los periodos a considerar sean mayores de 24 horas (ya hablamos del reloj interno).

Esto nos sugiere un nuevo enfoque. Alguien puede estar pensando si todo esto tiene algo que ver con la sensación que le asalta en ocasiones, cuando disfruta de un merecido descanso laboral: ¿Por qué, si aún me queda una semana, noto que se me acaban las vacaciones?

Se me acaban las vacaciones

La percepción del paso del tiempo se ve alterada por un fenómeno, que llamaremos especial en contraposición al general, que está localizado en un corto espacio de tiempo (resulta que la frase hecha espacio de tiempo cobra un sorprendente sentido literal desde esta nueva óptica).

Ocurre cuando un acontecimiento nos aparta de la rutina en las siguientes condiciones:

1. Durante un intervalo de tiempo no muy extenso en comparación con el vivido (medible más en días que en meses, vaya).

2. Nuestra rutina durante el mismo es sensiblemente distinta.

El ejemplo por excelencia son las vacaciones.

Supongamos que tras un duro invierno de trabajo decido tomarme un merecido descanso y organizo un viaje de dos semanas a un resort en el Caribe. Me apetece durante quince días no hacer nada más que tomar el sol y homenajearme con unos margaritas.

Tras organizarlo todo me subo a un avión, llego

al hotel, me instalo, me ponen la pulserita, me entero de dónde se sirven los margaritas y me recojo en la habitación a superar el jet-lag. Al segundo día por la mañana abro las ventanas, me asomo al paraíso y me convenzo de que sí, de que ya llegué, y de que me esperan dos interminables semanas de *dolce far niente*.

Vamos a recuperar preguntas que ya nos habíamos planteado, pero cambiando el enfoque. ¿No es cierto que con el paso de los días me voy dando cuenta de que lo que iban a ser unas largas vacaciones se me empiezan a ir de las manos? La verdad es que tras la primera semana los días empiezan a volar y el tiempo se escapa entre los dedos como la arena de mi paradisíaca playa.

Incluso si descubro con frustración que la playa en realidad me aburre, y las horas se me empiezan a hacer cansinamente largas sin nada interesante en qué emplearlas, esa monotonía no aminora la velocidad con que se acerca el temible día de la vuelta al trabajo.

¿Empieza a verse el paralelismo? En nuestro nuevo paradigma las vacaciones serían como la vida, con la diferencia que en este caso tenemos muy claro cuál es el final. Con respecto al principio, es razonable considerar que el día de llegada no hemos interiorizado aún el hecho de estar disfrutándolas.

Antes de analizar de una manera análoga la percepción de la velocidad a la que pasan nuestras vacaciones, vamos a justificar el por qué de las dos condiciones, de tal forma que podamos aplicar las conclusiones de manera similar a cualquier evento que las cumpla:

El período de tiempo debe ser lo suficientemente corto para no verse eclipsado por el fenómeno general, mucho más potente.

Parece que fue ayer

La percepción del mismo será inapreciable si el cambio de hábitos no es significativo: si dejamos de tomar azúcar con el café durante tres semanas no percibiremos gran cosa (aparte de un desayuno más amargo).

Si hacemos un razonamiento análogo al del caso general obtendremos como resultado la siguiente tabla de Velocidad de Paso del Tiempo (modelo restringido):

TN	VPT	TN	VPT	TN	VPT	TN	VPT
1	-	11	2,40	21	3,04	31	3,43
2	0,69	12	2,48	22	3,09	32	3,47
3	1,10	13	2,56	23	3,14	33	3,50
4	1,39	14	2,64	24	3,18	34	3,53
5	1,61	15	2,71	25	3,22	35	3,56
6	1,79	16	2,77	26	3,26	36	3,58
7	1,95	17	2,83	27	3,30	37	3,61
8	2,08	18	2,89	28	3,33	38	3,64
9	2,20	19	2,94	29	3,37	39	3,66
10	2,30	20	3,00	30	3,40	40	3,69

Donde los valores se muestran en días

Veamos cómo utilizarla: he cumplido mi primera semana en tierras caribeñas, por lo que me quedan otros 8 días (¡de Newton!) para acabar mis vacaciones. Pero en este instante mis vacaciones están pasando a una velocidad de 1,95; por lo que percibo que me quedan poco más de 4 días (8 dividido entre 1,95). Incluso empiezo a pensar en las maletas y si me va a dar tiempo a comprar un par de recuerdos antes de irme. ¡Y aún no he llegado a la mitad!

Para ilustrarlo retocaremos el gráfico que conocemos para que represente días en lugar de años.

Puede que las vacaciones sean el caso más evidente, pero no son el único. En cualquier escenario que encaje en los dos supuestos descritos el resultado será el mismo. Puede ser el tiempo de estancia en un hospital, una concentración para un evento deportivo o un viaje de estudios en el extranjero.

Le estaba contando todo esto a mi mujer, que se encontraba en su octavo mes de embarazo, cuando me detuvo y me dijo que sí, que todo esto estaba muy bien, pero que ella tenía apuntada en la pared la semana en que salía de cuentas y que, a medida que se acercaba, los días pasaban cada vez más despacio. ¿Acaso esto no va a acabar nunca?

Esto no va a acabar nunca

La preguntita de marras me obligó a enfrentarme a lo que parecía una contradicción que amenazaba con tumbar todo el andamiaje construido. ¿Por qué cuando deseamos la llegada de un día concreto el tiempo parece ralentizarse, hasta el punto de casi detenerse? No hace falta estar embarazada para entender la sensación: la llegada de las vacaciones, un cumpleaños, la jubilación, los Reyes Magos o el día de salida de la cárcel serían situaciones en las que el coche que circula por la senda de Newton pareciera perder velocidad.

Zenón de Elea[2] fue un filósofo griego conocido fundamentalmente por sus paradojas acerca del movimiento y el tiempo. Una de las más célebres es la enunciada como argumento de la dicotomía.

Según el mismo, si el espacio es infinitamente divisible, para llegar al final de una línea habremos de llegar primero a su mitad; pero para llegar a la mitad hemos de llegar a la mitad de la mitad, y así sucesivamente, de modo que resulta imposible, llevada la división al infinito, alcanzar el final de la línea.

Esta paradoja se puede exponer de diferentes maneras. Es habitual el ejemplo de una piedra lanzada contra un árbol que nunca llega a impactar en él, pero si Zenón se diera un paseo por el siglo XXI, quizá hubiera ejemplarizado su idea con un coche que, para llegar a su destino, debe recorrer la mitad del trayecto que le falta cuando ha recorrido la mitad anterior, y así repetidamente de tal forma que nunca

---

2. Zenon de Elea pertenecía a la escuela eleática (c. 490-430 a. C.). Fue discípulo directo de Parménides de Elea, y se le recuerda por el dominio conceptual con que defendió las tesis de su maestro. No estableció ni conformó ninguna doctrina positiva, en tanto que todo lo que defiende lo toma de Parménides, sino que se limitó a atacar todo planteamiento que no parta de las tesis eleáticas.

alcanza su punto de llegada.

No nos adentraremos en el origen filosófico del enunciado ni en su solución, que sólo fue completamente satisfactoria con el desarrollo del cálculo infinitesimal y la suma de series, unos veinte siglos después. Como siempre animo al lector interesado a profundizar en el tema. Sin embargo no me negarán que ilustra muy bien el caso de nuestro coche, que parece no poder llegar a la fecha señalada.

¿Qué ha cambiado pues con respecto a todos los escenarios planteados en los capítulos anteriores? Pues un matiz fundamental: cuando ansiamos la llegada de un día en concreto no es importante cuánto llevamos deseándolo, sino que el tiempo que usamos como referencia es el que queda para alcanzar la tan anhelada fecha.

Por supuesto este es un efecto local, como el anterior de las vacaciones, pero en un sentido opuesto.

Así, de la misma forma que hasta ahora nuestro coche iba ganando velocidad a medida que se alejaba del punto de partida, en este caso avanza cada vez más lentamente como si no quisiera alcanzar la meta, siendo como es el tiempo que falta para llegar el único que importa. El efecto es bastante intuitivo: al principio del embarazo, para mi mujer 30 semanas eran un lapso de tiempo igual a *Todo el tiempo que me falta para dar a luz*. Ahora este último equivale a 4 semanas, por lo que, si el mismo periodo que ahora se concentra en 28 días antes duraba 210, es que el tiempo se está deteniendo.

Haciendo los cálculos de manera análoga al caso de las vacaciones, pero cambiando el punto de referencia (al de llegada), podemos reciclar la tabla ya deducida para el caso anterior, con la salvedad de que TN nos indicaría el tiempo necesario para alcanzar el punto de destino.

Tuve la tentación de construir una tabla ad hoc para el caso del embarazo expresada en semanas y no en días, tal y como suele efectuarse la cuenta en la gestación; pero me detuvo una condición que se da especialmente en este caso, y que afecta de manera fundamental a la percepción del tiempo en esta circunstancia.

La distorsión se produce por el hecho de que, con el paso de los meses, los efectos indeseados de la gravidez (cansancio, dificultad para dormir, acidez de estómago, aguantar a los demás diciendo "si no falta ná",...) potencian la sensación de que el tiempo no quiere pasar.

Cada cual puede en todo caso buscar sus propios ejemplos.

POR QUÉ NEWTON Y EINSTEIN

A lo largo de estas páginas, los términos Newton[1] y Einstein[2] han aparecido con bastante profusión. A nadie se le escapa que el uso (o abuso) de los nombres de estos dos colosos para denominar el tiempo medible y el percibido respectivamente es una licencia que el autor se toma con bastante ligereza.

En el imaginario colectivo, Einstein es aquel visionario que vino a poner patas arriba la fabulosa obra de Newton al proponer la idea de un tiempo relativo, haciendo tambalear los cimientos de la física clásica que el inglés había edificado, y que parecían sólidos hasta entonces. Esta idea, que aunque reduccionista no se aparta demasiado de la realidad, es la excusa para "apellidar" los dos conceptos de tiempo tal y

---

1. Isaac Newton fue un físico, filósofo, teólogo, inventor, alquimista y matemático inglés. Es autor de los *Philosophiæ naturalis principia mathematica*, más conocidos como los Principia, donde describe la ley de la gravitación universal y estableció las bases de la mecánica clásica mediante las leyes que llevan su nombre.

2. Albert Einstein fue un físico alemán de origen judío, nacionalizado después suizo y estadounidense. Es considerado como el científico más conocido y popular del siglo XX. En 1919, cuando las observaciones británicas de un eclipse solar confirmaron sus predicciones acerca de la curvatura de la luz, Einstein se convirtió en un icono popular de la ciencia mundialmente famoso.

como se ha hecho, de manera que al lector le fuera fácil establecer la relación y seguir el relato.

Pero, ¿qué pensaban realmente estos dos genios acerca de este tema? Veamos lo que decía Sir Isaac Newton en su obra cumbre, Principios Matemáticos de la Filosofía Natural:

> *"El tiempo absoluto, verdadero y matemático, en sí y por su propia naturaleza sin relación a nada externo fluye uniformemente, y se dice con otro nombre "duración". El tiempo relativo, aparente y vulgar es una medida sensible y exterior, precisa o imprecisa, de la duración mediante el movimiento, usada por el vulgo en lugar del verdadero tiempo; hora, día, mes y año, etc. [...] Es posible que no exista un movimiento uniforme con el cual medir exactamente el tiempo [absoluto]. Todos los movimientos pueden ser acelerados o retardados, pero el flujo del tiempo absoluto no puede ser alterado."*

Pues efectivamente, parece que comulgaba con la corriente filosófica que consideraba el tiempo un absoluto que transcurre implacable y de manera constante, independientemente del movimiento de los objetos o de nuestra percepción.

Newton mantuvo en esto (como en tantas otras cosas) un enconado enfrentamiento con uno de sus coetáneos, el filósofo y matemático alemán Gottfried Leibniz, que quedó reflejado en la correspondencia que mantuvo este último con Samuel Clarke, que haría las veces de portavoz de aquél. Leibniz consideraba que el tiempo era el orden universal de los cambios, el orden de sucesiones, y por lo tanto era necesariamente relativo.

El prestigio y la aparente infalibilidad de las teorías del genio inglés le proporcionaron una legión de seguidores dispuestos a defender sus tesis, por lo que la relatividad del tiempo quedó guardada en un cajón durante tres siglos, hasta que otro alemán viniera a revolucionar la física y, de paso, nuestra visión de la realidad.

Sabemos que Albert Einstein refutó la idea del tiempo como un absoluto, introduciendo la variabilidad del mismo en función de la velocidad del observador (relatividad especial) o del campo gravitatorio (relatividad general); pero más allá de sus teorías físicas, también reflexionó acerca de la percepción psicológica del tiempo :

> *"¿Qué decir, sin embargo, del origen psicológico del concepto de tiempo? Este concepto tiene indudablemente que ver con el hecho del «recordar», así como con la distinción entre experiencias sensoriales y el recuerdo de las mismas. De suyo es cuestionable que la distinción entre experiencia sensorial y recuerdo (o simple imaginación) sea algo que nos venga dado de manera psicológicamente inmediata. Cualquiera de nosotros conoce la duda entre si ha vivido algo con los sentidos o si sólo lo ha soñado. Es probable que esta distinción no nazca sino como acto del entendimiento ordenador. Al «recuerdo» se le atribuye una vivencia que se reputa «anterior» a las «vivencias presentes». Es éste un principio de ordenación conceptual para vivencias (imaginadas) cuya viabilidad da pie al concepto de tiempo subjetivo, es decir, ese concepto de tiempo que remite a la ordenación de las vivencias del individuo."*

Einstein relacionaba el concepto de tiempo tal

Tempus

y como lo percibimos (su origen psicológico) al recuerdo de nuestras experiencias sensoriales. En cierto modo esta idea está ligada al hecho de establecer los tres años, la frontera de nuestros recuerdos, como origen del tiempo percibido (Tiempo de Einstein).

En cualquier caso, no es necesario ser un genio de talla histórica para sacar nuestras propias conclusiones.

CONCLUSIONES

Las preguntas acerca de la naturaleza del tiempo son inherentes al ser humano desde que éste toma conciencia del ser y del cambio. Se han dado en todas las civilizaciones de las que tenemos referencia, y en muchos casos han sido origen de edificios filosóficos enteros. Nada más lejos de mi intención que adentrarme en esta muy interesante y muy transitada senda, por la que siguen circulando mentes asombrosas. Quien quiera profundizar en el tema no puede dejar de asomarse a la obra de filósofos de la talla de Aristóteles, San Agustín o Kant, entre otros muchos.

Entonces, ¿de qué va esto?

El historiador italiano Carlo Maria Cipolla[1] publicó en 1988 un panfleto titulado Las leyes fundamentales de la estupidez humana. En él, el autor hace una parodia de ensayo, dándole toda la estructura y apariencia de sesudo trabajo con ayuda de construcciones matemáticas y gráficos, aunque apoyándose en dudosos axiomas e inexistentes estudios científicos. El resultado es desternillante, y sorprende por la

---

1. Carlo Maria Cipolla fue un historiador económico italiano. Nació en Pavía, y se graduó en la Universidad de esa misma ciudad en 1944, con una tesis sobre la historia de las explotaciones agrarias en el valle del Po. Exploró el controvertido tema de la estupidez formulando su famosa Teoría de la Estupidez, expuesta por primera vez en su famoso *Allegro ma non troppo*.

combinación entre el sutil disparate y la cantidad de reflexiones y conclusiones llenas de sensatez y sentido común.

Recomiendo vivamente su lectura a todo aquel que quiera pasar un buen rato con un texto cargado de inteligencia e ironía, pero el ejemplo me permite establecer una diferencia de enfoque (además de la más evidente, motivada por el enorme talento del escritor italiano).

El camino que nos ha traído hasta aquí tiene su origen tan solo en la curiosidad. No surge de la necesidad de justificar resultados preconcebidos a través del cálculo, sino que, partiendo de una serie de sencillas preguntas y con ayuda de las matemáticas, asomaron un conjunto de relaciones entre el paso del tiempo y la percepción que de él tenemos. Siguiendo esa dinámica natural este capítulo debería permanecer en blanco. De hecho tuve la tentación de que así fuera.

No hay conclusiones. Cada uno puede inferir lo que le parezca o nada. Pero no me resistiré a compartir el pensamiento que me persigue desde que me lancé en búsqueda de respuestas y empezaron a asomar los datos:

Si le damos valor al tiempo por lo que dura, o más exactamente por lo que percibimos que dura, independientemente de los años transcurridos, cada instante que vivimos es el más valioso de los que nos quedan.

APÉNDICE

MÁS RÁPIDO SÍ PERO, ¿CUÁNTO? (AMPLIADO)

Este apéndice contiene fórmulas matemáticas, ecuaciones, ¡e incluso integrales! Si para ti logaritmo es poco más que una palabrota, quizá debas hacer un acto de fe y confiar en que los resultados obtenidos no son inventados.

Para obtener las ecuaciones representaremos el paso del tiempo de Newton (t_n) sobre un eje horizontal cuyo origen sea nuestro nacimiento ($t_n=0$). Sobre este eje tomamos un período de tiempo suficientemente pequeño (Δt_n).

Lo que intentaremos es deducir cuánto durará ese período en tiempo de Einstein (Δt_e) en función del tiempo transcurrido (t_n).

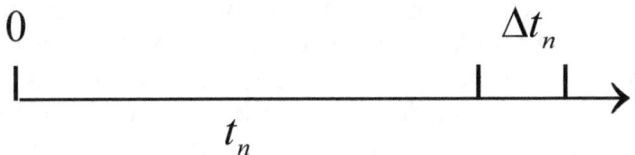

Tempus

Como hemos dicho, el tiempo de Einstein depende del tiempo transcurrido con el que comparar: es inversamente proporcional al mismo. Podemos entonces establecer la siguiente igualdad:

$$\Delta t_e = \frac{\Delta t_n}{t_n} \cdot K$$

Donde K es una constante de proporcionalidad. Si hacemos los incrementos infinitesimales obtenemos la siguiente ecuación diferencial

$$dt_e = \frac{dt_n}{t_n} \cdot K$$

integrando

$$\int dt_e = \int \frac{dt_n}{t_n} \cdot K$$

$$t_e = Ln(t_n) \cdot K + C$$

que es la relación entre el tiempo de Newton transcurrido y el tiempo de Einstein percibido.

Plantearemos ahora las condiciones de contorno para obtener las constantes. Como ya se ha comentado no tenemos recuerdos anteriores a los tres años, con lo que cuando necesitamos una referencia para comparar, esos tres primeros años no nos sirven. Diremos pues que

Más rápido sí pero, ¿cuánto? (ampliado)

$$\begin{cases} t_n = 3 \\ t_e = 0 \end{cases}$$

Es decir

$$0 = Ln(3) \cdot K + C$$

$$C = -Ln(3) \cdot K$$

Sustituyendo

$$t_e = Ln(t_n) \cdot K - Ln(3) \cdot K$$

Operando

$$t_e = Ln\left(\frac{t_n}{3}\right) \cdot K$$

Además, cualquiera que sea nuestra edad (E), el tiempo de Newton transcurrido hasta el momento es igual al tiempo de Einstein. Es decir, si tenemos 40 años, para nosotros el tiempo transcurrido desde que nacimos es de 40 años y así lo percibimos (esto es evidente si recordamos que nuestra única referencia para medir el tiempo es el tiempo vivido). Por lo tanto

$$\begin{cases} t_n = E \\ t_e = E \end{cases}$$

Luego

Tempus

$$E = Ln\left(\frac{E}{3}\right) \cdot K$$

$$K = \frac{E}{Ln\left(\dfrac{E}{3}\right)}$$

Entonces

$$t_e = \frac{E}{Ln\left(\dfrac{E}{3}\right)} \cdot Ln\left(\frac{t_n}{3}\right) \quad (1)$$

Que es la relación final entre el tiempo de Newton y de Einstein.

Pongamos un ejemplo para entender su significado. Supongamos que a nuestros 60 años queremos comparar la duración de 10 años de nuestra adolescencia y juventud (pongamos entre los 12 y los 22 años) y los últimos 10 años vividos (entre los 50 y los 60).

Pues bien, en este caso E=60. Calculamos cuánto vale te cuando tn alcanza los valores de 60, 50, 22 y 12 respectivamente. Son los siguientes:

t_n=60 → t_e=60

t_n=50 → t_e=56

t_n=22 → t_e=40

Más rápido sí pero, ¿cuánto? (ampliado)

$$t_n = 12 \rightarrow t_e = 28$$

Por lo tanto, los años 10 años de Newton de adolescencia duraron 12 (40-28) años de Einstein, mientras que los últimos 10 años de Newton apenas duraron 4 (60-56). ¿De verdad resulta tan sorprendente?

Pero avancemos para llegar al siguiente concepto, que nos aportará más información: la velocidad del paso del tiempo.

Como hemos visto con anterioridad, según nuestra analogía la velocidad del paso del tiempo es la variación de tn con respecto a te, lo que se expresa de la siguiente forma

$$v_{pt} = \frac{dt_n}{dt_e}$$

Si tomamos diferenciales en (1)

$$dt_e = \frac{E}{Ln\left(\dfrac{E}{3}\right)} \cdot \frac{3}{t_n} \cdot \frac{1}{3} \cdot dt_n$$

Despejando

$$\frac{dt_n}{dt_e} = \frac{Ln\left(\dfrac{E}{3}\right)}{E} \cdot t_n$$

O lo que es lo mismo

Tempus

$$v_{pt} = \frac{Ln\left(\dfrac{E}{3}\right)}{E} \cdot t_n$$

Lo primero que podemos deducir de esta ecuación es que la velocidad del paso del tiempo es proporcional al tiempo transcurrido, y además esa proporción depende de la edad de quien la considere. Vamos a aclararlo con un ejemplo:

Supongamos que tengo 60 años y quiero saber a qué velocidad me pasa el tiempo ahora

$$v_{pt}(E = 60 / t_n = 60) = \frac{Ln\left(\dfrac{60}{3}\right)}{60} \cdot 60 \simeq 3$$

Es decir, me parece que ha pasado sólo un mes desde... y ya han pasado 3. Ahora me pregunto a qué velocidad me pasaba el tiempo cuando tenía 20 años

$$v_{pt}(E = 60 / t_n = 20) = \frac{Ln\left(\dfrac{60}{3}\right)}{60} \cdot 20 \simeq 1$$

Pareciera pues que la vida transcurre cada vez más rápido de una forma lineal (a los 60 el triple que a los 20).

Sin embargo, si le pregunto a mi hijo de 20 años a qué velocidad le pasa a él el tiempo me dirá

Más rápido sí pero, ¿cuánto? (ampliado)

$$v_{pt}(E = 20 / t_n = 20) = \frac{Ln\left(\frac{20}{3}\right)}{20} \cdot 20 \approx 1,9$$

Aquí comprobamos cómo nuestra memoria nos juega malas pasadas a veces.

Esta fórmula es, sin embargo, realmente significativa cuando tn = E, que es cuando nos indicará la velocidad a la que nos pasa el tiempo en este momento; sólo depende de la edad y sería

$$v_{pt}(E) = Ln\left(\frac{E}{3}\right)$$

Así como utilizábamos la relación entre te y tn para comparar el tiempo ya pasado, utilizaremos la velocidad del paso del tiempo para las estimaciones que hacemos a futuro. Sólo tendremos que dividir el período a considerar en tiempo de Newton entre la velocidad y obtendremos su equivalencia en tiempo de Einstein. El ejemplo más gráfico de esto es cuando mi tía, a sus 64 años, le dice a su nieto de 6 que solo quedan dos semanas para su cumpleaños. Veamos las cuentas de cada uno:

La vpt mi tía en la actualidad es de

$$v_{pt}(64) = Ln\left(\frac{64}{3}\right) = 3,06$$

y la del nieto

$$v_{pt}(6) = Ln\left(\frac{6}{3}\right) = 0,69$$

Tempus

Los 14 días de Newton de mi tía son apenas 4 y medio (14 dividido entre 3,06) días de Einstein, mientras que para el nieto son 20 (14 entre 0,69). Y la abuela decía que SOLO quedan 14 días...

Tenemos ya pues una forma de medir el tiempo de Einstein en el pasado y de estimarlo en el futuro, lo que nos permite hacernos una serie de preguntas. Empezaré por la primera que se me vino a mí a la cabeza:

¿Cuál es el ecuador de nuestra vida?

Para saber dónde está la mitad de algo primero tenemos que saber su principio y su final. El principio es en este caso evidente, pero con respecto al final no podemos más que especular. A pesar de que la esperanza de vida varía con la edad, la sociedad en la que vivimos y el sexo, tomaremos los 85 años como dato para hacer cuentas. Es la de una mujer adulta en España, pero en todo caso es una cifra que esperaríamos razonablemente escuchar si hiciéramos una encuesta. Y recordemos que esto va de expectativas, no de estadística.

Pues bien, suponiendo que vivimos hasta los 85 años el paso del ecuador lo daremos a los 42 años de Newton. Sin embargo, en nuestro lecho de muerte (lamento el drama) descubriríamos que es otra la edad que parte nuestra vida en dos mitades. Averigüémoslo antes de llegar a momento tan límite.

Llamemos X a esa edad que buscamos, y hagamos como en el ejemplo de la adolescencia

$$t_{n1} = 85 \rightarrow t_{e1} = 85$$

Más rápido sí pero, ¿cuánto? (ampliado)

$t_{n2} = x \quad \rightarrow$

$$t_{e2} = \frac{85}{Ln\left(\frac{85}{3}\right)} \cdot Ln\left(\frac{x}{3}\right)$$

Para que sea la mitad se debe cumplir que

$$t_{e2} = \frac{t_{e1}}{2}$$

Si despejamos x tenemos

$$x \simeq 16$$

Es decir, que al final de nuestros días descubrimos que toda nuestra infancia y adolescencia fue tan larga como todo el resto de nuestra vida. ¿Inquietante?

Si el lector ronda ésta edad (los 85, no los 16. Con una mente aun ágil e inquieta, como prueba estar embarcado en tan apasionante lectura) puede analizarse y pensar si no vamos desencaminados.

El lector más joven probablemente encuentre esta edad demasiado temprana. Esto es porque cometemos el error de pensar en los años venideros como si fueran a pasar a la velocidad a la que pasan ahora, y ya vamos viendo que esto no es así. Este razonamiento nos lleva a la segunda pregunta, que yo encuentro aún más interesante.

Tempus

¿En qué momento pensamos estar pasando por el ecuador de nuestra vida?

(Siempre en tiempo de Einstein, por supuesto)

Nuevamente usaremos la X para notar esa edad. Los años de Einstein transcurridos hasta ella son, como ya vimos, los mismos que los de Newton; es decir X.

X es pues lo vivido y X es lo que nos queda por vivir (recordemos que estamos buscando el ecuador). Como a esta edad el tiempo transcurre a una velocidad de

$$v_{pt}(x) = Ln\left(\frac{x}{3}\right)$$

el tiempo de Einstein que me queda es por tanto

$$t_e = \frac{85-x}{Ln\left(\dfrac{x}{3}\right)}$$

que tiene que ser igual al ya vivido, es decir

$$x = \frac{85-x}{Ln\left(\dfrac{x}{3}\right)}$$

Ésta no es una ecuación lineal y se resuelve por tanteo. El resultado está entre los 26 años y medio y los 27. Una curiosa edad, de infausto recuerdo en el mundo del rock. ¿Será la crisis de los 30 una consecuencia de que adquirimos conciencia del paso del

Más rápido sí pero, ¿cuánto? (ampliado)

ecuador? Por otro lado, ¡qué inocentes! Ya descubriremos que ya hace una década lo habíamos cruzado.

www.ingramcontent.com/pod-product-compliance
Lightning Source LLC
Chambersburg PA
CBHW070327190526
45169CB00005B/1786